유진샘의
"타오르는"
네일아트

지은이

최유진

매일 1만 5천 명 이상이 방문하는 네이버 뷰티블로그 〈유진 샹의 셀프네일〉을 운영하고 있다. 평소 전혀 그림을 못 그리지만 네일아트에서만은 탁월한 그림솜씨를 뽐내며 '손톱 위의 피카소' 로도 불린다. 여성스럽고 사랑런 디자인이 강점. 〈유진샹의 셀 프네일〉은 2014년 얼루어 전 세계 유명 블로거 11인에 선정됐으 며 이웃은 6만 명에 달한다. 2012년 포털사이트 다음에서 다음뷰 열린 편집자상, 2014년 네이버 포스트 공모전에서는 참신한 발상 상을 수상한 바 있다. 스타일리시하면서도 쉽게 따라 할 수 있는 네일아트로 2030 여성들에게 열렬한 지지를 받으며 수차례 포털 사이트 메인을 장식했다. (blog.naver.com/yujinlub)

유진샹은 현재 아모레 퍼시픽, 올리브영 등 다수의 기업에서 네일 뷰티클래스 강사로 활발히 활동 중이다.

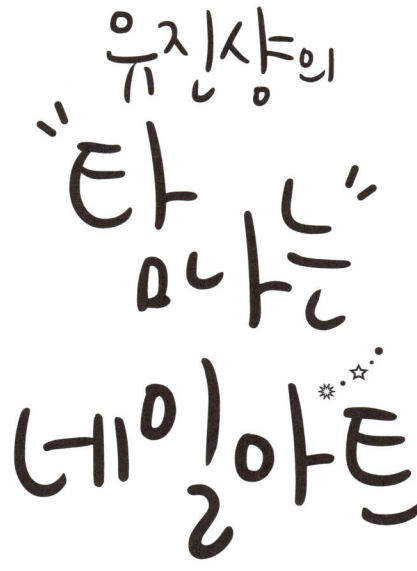

유진샹의 "탐나는" 네일아트

뷰티블로거 유진샹의 셀프네일

최유진 지음

이덴슬리벨

그림 솜씨 없어도 도전할 수 있는
네일아트의 매력

제 네일아트 작품들을 보고 그림솜씨를 부러워하는 분들이 많습니다. 미술 전공했냐고 묻는 분들도 있죠. 하지만 저는 수학을 전공했고 중학교 때 미술 성적이 '미'였을 정도로 그림에는 재능이 없답니다. 하지만 네일 폴리쉬를 손에 쥐면 모든 것이 달라지죠. 저로서도 신기한 일입니다. 어떤 캐릭터나 모티브를 봐도 네일아트 아이디어가 떠오르고 세필 붓을 쥐면 그림도 쓱쓱! 손톱과 도화지는 전혀 다르더라고요.

네일아트를 하면서 행복한 일도 참 많았습니다. 네일아트 강좌가 100회를 달성했을 때의 감격, 저의 화사한 네일아트 작품을 보고 우울증이 나아졌다는 어느 50대 여성의 감사 쪽지, 많은 회원들과의 교류, 그리고 이렇게 책까지……. 저는 지금 너무나도 행복하고 감사합니다. 또 앞으로 다가올 하루하루를 설레는 기대감으로 기다리고 있습니다.

졸업 이후 암흑기를 보냈기에 지금의 감사와 기쁨이 더 큰 것 같습니다. 저에게 그렇게 힘든 시기가 없었다면 저의 아이디어와 테크닉을 많은 분들과 나누는 것이 이렇게 즐겁고 행복한 일인지도 몰랐을 거예요.

4년 전만 해도 저는 희망 따윈 찾아볼 수 없는 일상을 보내고 있었습니다. 계속되는 취업 실패로 인해 꿈은 완전히 사라져 버렸고, 내 삶은 다 끝났다는 절망적인 생각으로 시간을 허비하고 있었죠. 눈물로 지새우는 날이 많아지면서 밥을 먹는 것도, 숨을 쉬는 것도 귀찮고 싫었습니다.

그나마 기도할 수 있는 대상이 있었기에 버틸 수 있었던 것 같습니다. 결국 저는 마음을 비우고 모든 것을 하나님께 맡기기로 했습니다. 저의 욕심이 저를 괴롭히고 있다는 생각에서였습니다. 제 기도는 하나뿐이었습니다. 내 삶을 바꿔 달라고, 내가 하고 싶은 것은 다 내려놓았으니 주님의 뜻대로 내 삶을 이루어 달라고 기도했습니다.

그렇게 기도를 바꾼 지 얼마 되지 않아 저는 한 국제학교에 교직원으로 채용이 되었습니다. 생각지 못했던 합격통지에 눈물이 쏟아지더군요. 하지만 어렵게 시작한 직장생활은 녹록치 않았습니다. 감사한 마음으로 열심히 일했지만 일은 고되고 인간관계는 힘들었습니다. 대부분의 직장생활이 그렇겠지요? 바로 그때 제게 위로와 안식이 되어준 것이 네일아트였습니다. 대학 때 필리핀으로 단기선교를 다녀왔는데, 그때 현지인들에게 네일아트를 해주며 기쁨을 함께했던 기억을 떠올리고 한 번씩 해본 것이 다시

취미가 된 것이죠. 네일아트는 그렇게 제 삶의 활력소가 되었습니다. 어릴 때 하던 네일아트는 그저 예쁜 컬러를 바르는 것이 전부였죠. 그런데 자꾸 하다 보니 이런저런 테크닉도 터득하게 되고 아이디어도 생기더라고요.

그러다 마음에 드는 작품이 나오면 사진을 찍고, 혼자 보는 것이 아쉬워 블로그에 하나둘 올리면서 '유진샹의 셀프네일'이 시작되었습니다. 블로그는 날이 갈수록 방문자가 늘기 시작하더니 지금은 구독자가 3만 6천 명을 넘어섰습니다.

이 책에는 그동안 제가 개발한 다양한 네일아트 디자인 중 가장 예쁜 것들만 선별해서 계절별로 담고, 아직 블로그에 공개하지 않은 디자인도 추가했습니다. 또 평소 회원들에게 자주 받았던 사소하지만 중요한 질문들을 모아 깨알 팁도 보탰습니다. 제가 제시하는 방법을 따라 하다 보면 네일아트에 대한 기초지식이 없는 분들도 어렵지 않게 네일아트를 시작할 수 있을 거예요. 기본 테크닉이 쉽고 난이도가 낮은 디자인부터 차근차근 연습하면 나중에는 어려운 디자인도 충분히 잘해낼 수 있으리라고 생각합니다.

부족한 저에게 다른 사람과 나눌 수 있는 재능을 주신 하나님께 감사드립니다. 천국에서 뿌듯하게 지켜보고 있을 아빠, 기도로 응원해 주시는 나의 영원한 멘토 엄마, 바쁜 와중에도 묵묵히 서포트해 준 내 동생 유라와 막내동생 이삭, 그리고 언제나 자상한 치현에게 감사와 사랑을 전하고 싶습니다. 항상 곁에서 격려해 주시는 목사님과 친척들, 친구들, 언니오빠들……. 감사를 전하고 싶은 분이 너무나도 많네요. 매일같이 '유진샹의 셀프네일'을 찾아 주시는 블로그 이웃들과 이 책에 관심을 보여 주신 모든 분께 무한한 감사를 전하고 싶습니다.

저는 누군가에게 희망을 주는 사람으로 살고 싶습니다. 네일아트를 통해 작은 희망을 찾고 그것을 전할 수 있다면 그만한 기쁨이 없을 것 같습니다. 특히 4년 전의 저처럼 인생의 방황기를 겪고 있는 분이 있다면 저의 네일아트를 통해 조금이나마 위안과 활력을 찾으시길 진심으로 바랍니다.

최유진

탐나는 네일아트를
소개합니다

실생활에서 모티브를 얻은 참신한 디자인이 가득합니다.
유진샵은 실생활에서 모티브를 얻어 어디에서도 찾아볼 수 없는 참신한 디자인으로 유명합니다. 여성스럽고 섬세한 디자인을 아주 친절하게 소개하고 있어 네일아트 경험이나 그림 솜씨가 없는 분들도 쉽게 따라할 수 있답니다.

계절별, 테마별 구성으로 모든 작품이 한눈에 들어옵니다.
앞부분에서 네일아트에 필요한 기본지식과 테크닉을 소개한 뒤 봄, 여름, 가을, 겨울 사계절과 스페셜 데이, 브랜드 및 캐릭터 디자인으로 목차를 구성해 모든 작품이 한눈에 들어옵니다. 활용도 높은 디자인을 손쉽게 찾을 수 있습니다.

작품의 난이도를 표시해 도전과제 선택이 즐겁습니다.
모든 작품에는 디자인 난이도를 표시해 놓았습니다. 눈으로 보는 것과 직접 해보는 것에는 차이가 있으니까요. 조금씩 난이도를 높여 가며 그날그날의 도전과제를 선택하는 즐거움을 누려 보세요.

유진샹의 또 다른 디자인들과 회원들의 작품까지 소개합니다.
책에 싣지 못해 아쉬운 작품들을 모아 유진샹만의 독특한 네일아트 디자인을 소개하고 있습니다. 완성작을 보는 것만으로도 많은 아이디어와 즐거움을 느낄 수 있습니다. 유진샹의 디자인에 도전한 회원들의 작품도 감상해 보세요.

어려운 부분은 DVD를 보며 따라 할 수 있습니다.
초보자들에게 유용한 기본 테크닉과 난이도 높은 작품들은 동영상을 준비했습니다. 20개의 영상을 해당 지면에 있는 QR코드를 통해 바로바로 확인할 수 있습니다.

Contents

PART 3. 심플하고 지적인 가을의 네일

For Autumn

PART 4. 블링블링한 겨울의 네일

For Winter

Orientation

네일아트에
필요한 도구

네일 컬러링

베이스코트
손톱을 강화하고 네일 컬러의
착색을 막아 주며 발색이 잘
되도록 도와주는 폴리쉬

네일 폴리쉬
네일 에나멜, 매니큐어
등으로 불리는 모든
네일 컬러

탑코트
네일아트의 마지막 단계에
발라 광택을 부여하고
컬러를 보호해 주는 폴리쉬

젤 네일 컬러
일반 네일 폴리쉬와는 제품의
성질이 달라 자연 건조되지 않
으며, 전용 젤 램프를 이용해
건조(경화)하는 네일 컬러

손톱 모양 및 표면 관리

네일버퍼
울퉁불퉁한 손톱 표면을
갈아 평평하게 만들어
주는 도구

샌딩블록
울퉁불퉁한 손톱 표면을 갈거나,
네일파일로 손톱을 다듬은 후
거스러미를 정리하기 위해
사용하는 도구

샤이너
버퍼 사용 후 손톱을
매끈하게 광을 내기 위해
사용하는 도구

네일파일(우드파일 & 지브라파일)
인조팁 또는 자연 손톱을 갈아 손톱의 길이 및
모양을 다듬을 때 사용하는 도구

디스크패드
파일링 후 거스러미 정리를
위해 사용하는 도구

더스트 브러시
손톱 주변의 먼지나
이물질을 털어
내는 브러시

큐티클 관리

무셔
큐티클을 밀어낼 때 사용하는 도구

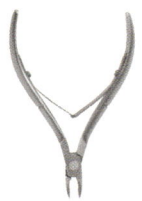

니퍼
큐티클을 잘라낼 때
사용하는 도구

큐티클 오일
큐티클에 영양을 공급해
주는 오일

큐티클 리무버
큐티클을 부드럽게 불려 주어
큐티클 손질을 용이하게
해주는 용액

디자인 & 데코

핀셋
스티커, 워터데칼을
손톱 위에 올릴 때
사용하는 도구

도트스틱
도트를 찍거나 서로
다른 컬러를 섞어
마블을 만드는 도구

세필 붓
가는 선이나 다양한
모양을 그리기 위해
사용하는 붓

우드스틱
스톤 아트를 할 때 스톤을 집어 올리거나
화장솜과 함께 손톱 옆에 묻은
폴리쉬를 제거하는 데 사용하는 도구

스톤
반짝이는 효과를 주는
네일 큐빅

데코 파츠
리본, 장미, 왕관 등
입체감 있는 네일아트 재료

스펀지
자연스러운 그라데이션을
위해 사용하는 도구

글리터
고운 가루나 별, 하트 모양
등 반짝이는 아트 재료

기타 도구

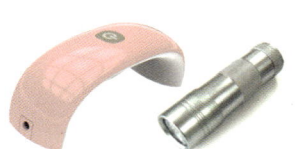

젤 램프
젤 네일을
건조(경화)하는 램프

리무버
네일 폴리쉬를 제거할 때
사용하는 용액

물티슈
손톱을 다듬은 후 이물질을
정리하거나 화장솜 대용으로
네일 폴리쉬를 지울 때 사용하는 도구

화장솜
네일 리무버와 함께 네일 폴리쉬를
지울 때 사용하는 도구

안전하고 깔끔한 큐티클 정리

큐티클을 제거하면 손이 전체적으로 깔끔해 보입니다. 네일 컬러를 발랐을 때도 확연히 차이가 납니다. 안전하고 깔끔하게 큐티클을 정리하는 노하우를 배워 볼까요?

따라 해보세요

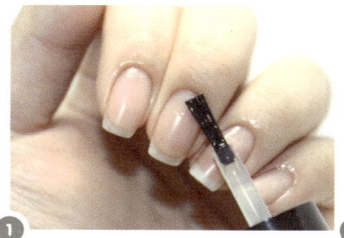

1 큐티클 오일을 발라 줍니다. 딱딱한 큐티클 각질을 불리는 작업이에요. 만약 없을 땐 따뜻한 물에 손을 5분 정도 담그면 큐티클이 부드러워져 관리하기가 쉬워져요.

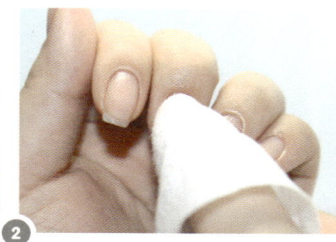

2 5분 정도 지난 뒤 물티슈로 손과 손톱을 깨끗하게 닦습니다. 리무버는 사용하지 않고 물티슈의 물기로만 오일을 닦아 냅니다.

3 큐티클 푸셔를 사용하여 큐티클 부분을 밀어 올립니다. 손톱과 푸셔의 각도는 45도 정도로 유지하며 부드럽게 밀어냅니다. 너무 세게 하면 손톱 표면이 긁힐 수 있으니 주의하세요.

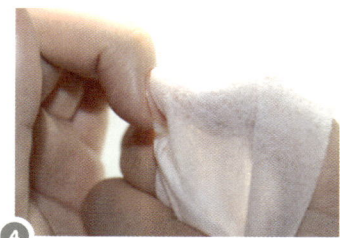

4 푸셔 대신 물티슈를 사용하면 손톱에 무리가 가지 않아 좋습니다. 물티슈를 엄지에 꽉 말아 쥐고 엄지손톱으로 큐티클을 위로 밀어 올립니다. 이렇게 하면 큐티클 안쪽의 루즈 스킨까지 부드럽게 제거할 수 있습니다.

5 큐티클 니퍼로 큐티클을 제거합니다. 날이 잘 드는 니퍼를 사용하여 큐티클을 또각또각 잘라 내세요. 뜯으며 자르지 않도록 주의합니다.

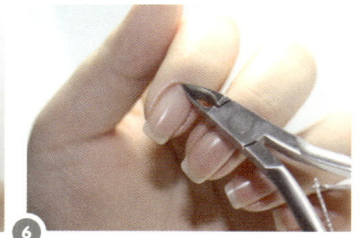

6 한쪽에서부터 시작하여 2/3 지점까지 제거합니다.

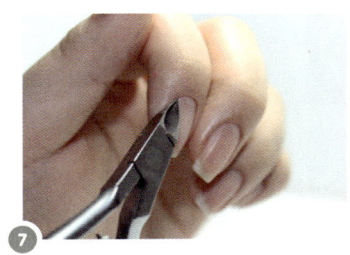

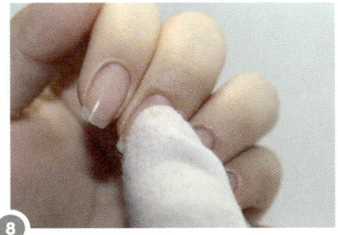

7 나머지 1/3부분은 반대쪽에서 잘라 줍니다.

※ 큐티클 니퍼는 손톱 표면과 30도 정도의 각
도를 이루도록 해서 사용하세요. 너무 세우
거나 눕히면 앞쪽 날이나 뒤쪽 날에 찔려 상
처가 생길 수 있어요. 니퍼는 사용 뒤 반드
시 소독을 해서 보관하세요.

8 물티슈에 리무버를 적신 후 손톱 표면을 깨끗
하게 닦아 냅니다. 바로 네일아트를 할 때는
리무버로 닦아 주고, 큐티클 정리 단계에서 큐
티클 오일을 발라 마무리합니다.

9 큐티클은 손톱의 성장이 시작되는 곳으로, 너
무 자주 정리하는 것은 좋지 않답니다. 1~2주
에 한 번 정도가 적당합니다.

○ **물티슈 선택하는 요령**

물티슈를 엄지에 꽉 말아 쥐었을 때 찢어지지
않고, 여러 번 문질러도 보풀이 쉽게 일어나지
않는 것을 선택합니다. 물티슈는 큐티클을 정
리할 때뿐만 아니라 네일 컬러를 지울 때, 파일
링 후 이물질을 닦아 낼 때도 유용하게 사용되
니 하나쯤 준비해 두면 좋아요.

손톱 모양 완성하는 파일링 테크닉

손톱 모양은 손가락이나 손끝의 생김새에 따라 달라집니다. 평소 자신의 손 사용습관을 고려하여 손끝이 매끈하고 손가락이 길어 보이는 모양을 찾아보세요.

라운드 셰이프 *round shape*

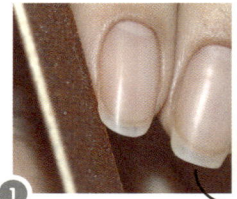 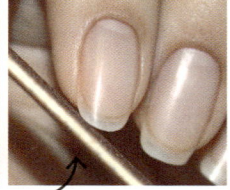 

1 파일을 사용해 손톱 바깥쪽에서 안쪽 방향으로 둥글게 갈아 줍니다.

2 반대쪽도 마찬가지로 바깥쪽에서 안쪽으로, 한쪽 방향으로 파일링합니다. 모서리가 생기지 않도록 둥글게 모양을 만들며 갈아 줍니다.

3 라운드 셰이프 완성입니다. 손끝과 자연스럽게 어우러져 편안한 느낌을 주는 모양입니다.

스퀘어 셰이프 *square shape*

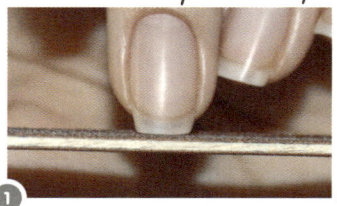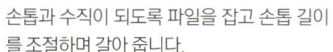 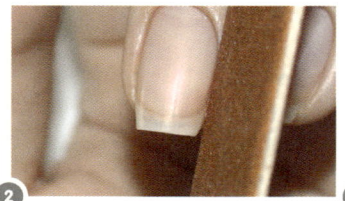 

1 손톱과 수직이 되도록 파일을 잡고 손톱 길이를 조절하며 갈아 줍니다.

2 손톱 옆면은 파일을 살짝 안쪽으로 모으고 모서리에 각이 생기도록 갈아 줍니다.

3 스퀘어 셰이프 완성입니다. 다양한 네일아트 디자인을 시도하기 좋은 모양입니다.

세미 스퀘어 셰이프 *semi square shape*

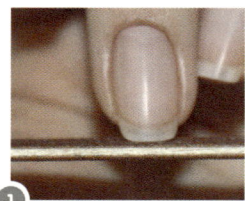   

1 손톱과 수직이 되도록 파일을 잡고 손톱 길이를 조절하며 갈아 줍니다.

2 각진 모서리를 살짝 갈아 둥글게 만듭니다.

3 반대쪽도 모서리를 살짝 둥글게 갈아 주고, 프리엣지(free edge, 손톱의 끝부분) 부분과 자연스럽게 연결되도록 조절합니다.

4 세미 스퀘어 셰이프 완성입니다. 손상되기 쉬운 스퀘어 셰이프의 단점을 보완한 모양입니다.

손톱 표면
정리하기

매끈하고 깔끔한 컬러링의 첫 단계는 샌딩블록(샌딩버퍼)으로 손톱 표면을 정리하는 것입니다. 샌딩블록과 샤이너를 함께 사용해 매끈하고 반짝이는 손톱을 만들 수 있습니다. 단, 너무 자주 하게 되면 손톱이 얇아질 수 있어요. 한 달에 1~2회 정도가 적당합니다.

따라 해보세요

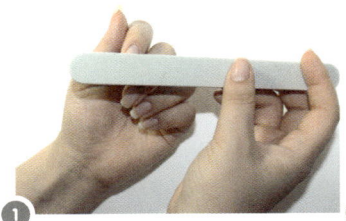

① 샌딩블록을 검지와 중지 사이에 끼워서 잡고 엄지에 힘을 주어 지탱합니다.

② 작은 힘을 이용해 좌우로 가볍게 밀어 줍니다. 큐티클 부위의 약한 살들이 다치지 않도록 조심해 주세요.

③ 동일한 힘으로 왼쪽도 아치를 그리며 밀어 줍니다.

④ 오른쪽도 울퉁불퉁한 표면이 평평해지도록 밀어 줍니다.

⑤ 좌우로 밀었을 때 블록이 닿지 않는 끝부분까지 밀어 줍니다.

⑥ 동일한 방법으로 샤이너를 사용한 후 물티슈로 깔끔하게 닦아 냅니다.

네일 폴리쉬
양 조절하기

컬러링을 깔끔하게 하려면 네일 폴리쉬의 양을 잘 조절해야 합니다. 병 입구를 이용해 브러시를 납작하게 만든다는 느낌으로 브러시에 묻은 네일 컬러를 쓸어 올리면서 양을 조절합니다.

따라 해보세요

❶ 네일 폴리쉬의 브러시 한쪽을 병목에서 끝까지 쓸어 올려 컬러가 남지 않게 합니다.

❷ 반대쪽은 절반만 쓸어 올려 컬러의 양을 조절합니다.

❸ 컬러를 모두 덜어 낸 쪽의 모습입니다.

❹ 컬러가 절반만 묻은 쪽으로 컬러링을 합니다.

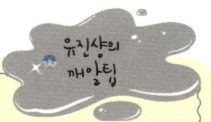

유진샘의 깨알팁

● **손톱 크기에 따라 달라지는 폴리쉬 양**

네일 폴리쉬 양은 손톱의 크기에 따라 달라집니다. 엄지와 소지는 면적 자체가 다르고 사람마다 손톱 크기가 다르기 마련이죠. 몇 번 반복하다 보면 각각의 손톱에 꼭 맞는 양 조절이 가능하답니다.

네일 폴리쉬
병 입구 청소하기

네일 폴리쉬 병 입구에는 항상 내용물이 묻어 있습니다. 그대로 방치하면 폴리쉬가 굳어서 뚜껑이 제대로 닫히지 않고, 공기가 들어가서 폴리쉬가 굳어 버립니다. 브러시를 쓰고 나면 병 입구와 뚜껑 안쪽을 네일 리무버로 잘 닦아 주세요.

따라 해보세요

1 네일 폴리쉬는 사용하다 보면 내용물이 굳으면서 입구가 더러워집니다.

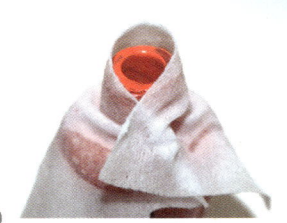

2 물티슈를 적당한 크기로 잘라 리무버에 적신 뒤 병 입구를 단단하게 감싸 줍니다.

3 벌어진 틈으로 브러시를 넣은 후 뚜껑을 닫습니다.

4 완전히 꽉 닫힐 때까지 닫아 줍니다. 뚜껑을 여러 번 감았다 풀며 굳어 있는 폴리쉬를 닦아 주세요.

5 뚜껑을 열면 깨끗하게 닦여 있는 것을 볼 수 있습니다.

튼튼한 손톱을 위한 네 가지 처방

네일 앰플

네일 케어를 마친 뒤 깨끗한 손톱에 네일 앰플을 발라 줍니다. 네일 앰플은 손톱의 수분 보유력을 강화시키는 제품으로, 두세 번 덧바르고 자연 건조시켜 주세요. 네일 앰플은 워터형이라 미끌거림이나 끈적임이 전혀 없어 손톱에 바르면 바로 흡수됩니다.

네일 강화제

깨끗한 손톱에 네일 강화제를 발라 줍니다. 네일 강화제는 얇고 약한 손톱을 튼튼하고 강하게 만들어 줍니다. 대부분 베이스코트 겸용이기 때문에 네일아트 전에 발라도 좋습니다. 네일 강화제는 한 번 바른 후, 지우지 않고 2일에 한 번씩 덧발라 줍니다. 일주일 뒤 지우고, 같은 방법으로 반복해서 바릅니다.

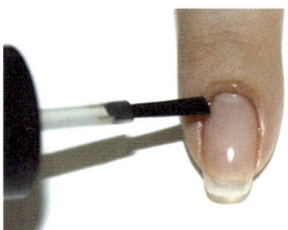

큐티클 오일

네일 케어의 핵심은 큐티클 오일입니다. 큐티클 오일은 손톱의 성장이 시작되는 큐티클 부분을 촉촉하게 유지시키는 역할을 합니다. 하루에 한 번, 큐티클 라인에 맞춰 둥글게 바르고 반대쪽 엄지로 문질러 흡수시킵니다. 네일 강화제를 바른 뒤, 네일아트를 한 뒤에도 큐티클 오일은 꼭 발라 주세요.

네일 팩

네일 팩은 손톱과 큐티클에 집중적으로 영양을 공급하는 데 효과적인 관리법입니다. 2주일에 한 번 정도 네일 팩으로 손톱을 집중 관리하면 좋습니다. 큐티클 오일을 바르고 네일 팩을 진행하면 더욱 효과적이에요. 아르간 오일(argan oil) 성분의 제품을 추천합니다.

피부 톤에 맞는
나만의 맞춤컬러 고르기

피부 톤에 어울리는 컬러를 고르는 가장 쉬운 방법은 피부 톤과 비슷한 컬러는 피하는 것입니다. 노란 피부라면 비슷한 노란 계열의 컬러는 피하고 붉은 기가 도는 피부라면 붉은 계열의 컬러를 쓸 때 주의해야 합니다. 내 피부 톤에 어울리는 컬러를 사용하면 더 아름다운 네일아트를 할 수 있어요.

White Skin
하얀 피부에 어울리는 네일 컬러

하얀 피부에는 어떤 컬러라도 잘 어울립니다. 맑은 톤의 레드, 옐로, 핑크, 오렌지 같은 비비드한 컬러를 바르면 흰 피부가 더욱 뽀얗게 보입니다. 화이트 계열이나 파스텔 톤으로 컬러링을 하면 손가락이 길고 깔끔하게 보입니다. 다만 채도가 낮은 네이비나 퍼플 계열의 컬러를 바르면 흰 피부가 너무 창백해 보일 수 있기 때문에 피하는 게 좋습니다. 실핏줄이 도드라질 정도의 창백한 흰 피부가 고민이라면 스킨 톤의 베이지 컬러나 글로시한 누드 컬러를 바르면 단점을 어느 정도 보완할 수 있습니다.

Black Skin
까만 피부에 어울리는 네일 컬러

피부색이 까무잡잡한 편이라면 피부 톤보다 한 톤다운된 네일 컬러를 선택하면 자칫 피부색이 칙칙해 보이는 것을 방지할 수 있습니다. 네이비나 버건디, 퍼플 같은 채도가 낮고 짙은 컬러를 바르면 섹시한 분위기를 낼 수 있습니다. 파스텔 컬러를 바르고 싶다면 피부에 너무 대비되지 않도록 톤다운된 파스텔 컬러를 고르는 것이 좋습니다. 태닝한 피부를 돋보이게 하고 싶다면 네온 컬러나 비비드한 그린, 화이트 색상을 발라 펑키하고 화려한 느낌을 내 보세요. 펄이 들어간 스킨 톤 컬러나 브라운 컬러는 자칫 탁한 느낌을 줄 수 있으니 주의하세요.

Yellow Skin
노란 피부에 어울리는 네일 컬러

우리나라에 가장 흔한 피부색은 따뜻한 색감의 노란 피부입니다. 노란 피부도 하얀 피부처럼 다양한 컬러가 무난하게 잘 어울리지만, 가장 잘 어울리는 컬러는 파스텔 핑크나 화이트 계열입니다. 파스텔 톤의 색상을 컬러링하면 노란 피부색이 차분하게 정리되는 효과가 있습니다. 펄이 살짝 들어간 브라운 컬러는 노란 피부를 우아하면서 혈색이 좋아 보이게 합니다. 노란 피부는 피부색에 묻힐 수 있는 컬러는 피하는 게 좋습니다. 또한 네온 컬러나 비비드 옐로, 오렌지 계열의 컬러는 노란 피부를 도드라지게 할 수 있으니 풀 컬러링은 하지 않는 것이 좋습니다.

Red Skin
붉은 기가 도는 피부에 어울리는 네일 컬러

붉은 기가 도는 피부를 하얗게 보이려면 윤기가 없으면서 맑은 톤의 컬러를 바르는 게 좋습니다. 붉은 피부에는 크림 톤이 들어간 옐로 계열의 컬러가 제일 잘 어울립니다. 붉은 계열의 컬러는 피하는 것이 좋은데, 파스텔 톤의 베이비 핑크라도 막상 발라 보면 어울리지 않습니다. 채도가 강하고 차가운 컬러인 블랙이나 딥블루, 딥퍼플 등을 깔끔하게 바르면 손끝으로 시선을 집중시켜 붉은 피부의 단점을 완화할 수 있습니다. 버건디와 짙은 브라운 컬러는 붉은 피부를 더 붉어 보이게 하므로 주의하는 것이 좋습니다.

내 손에 맞는 손톱 모양 찾기

손톱 모양은 컬러만큼이나 스타일을 좌우합니다. 파일링을 통해 자신의 손가락 굵기와 취향에 맞는 손톱 모양을 만들 수 있습니다. 파일링을 할 수 없을 만큼 짧은 손톱이라면 손톱의 길이를 연장한 다음 원하는 모양으로 다듬으세요.

square shape
스퀘어 셰이프

손톱 끝을 직각으로 모양 내는 형태입니다. 짧은 손톱을 원할 경우 많이 하는 모양입니다. 손가락이 굵은 사람이 이 모양을 하면 더 굵어 보일 수 있고, 손톱이 약한 상태일 때 이 모양을 하면 손톱 끝 양쪽이 부러지거나 찢어지는 단점이 있습니다. 페디아트를 할 때는 발톱 모양을 스퀘어나 스퀘어 오프로 해야 파고드는 발톱을 방지할 수 있습니다.

semi square shape
세미 스퀘어 셰이프

오버 스퀘어 또는 스퀘어 오프로 불리기도 하는 세미 스퀘어 셰이프는 스퀘어에서 양옆에 약간의 곡선을 만들어 주는 모양입니다. 스퀘어 모양에 비해 충격에 강해 손을 많이 쓰는 사람에게 좋습니다. 세련되고 도시적인 이미지를 주지만 손가락이 굵은 사람에겐 어울리지 않아요.

round shape

라운드 셰이프

손톱 끝을 둥글게 파일링한 가장 일반적인 모양으로 모든 손에 잘 어울립니다. 특히 손톱 모양이 손톱 끝으로 갈수록 퍼진 부채꼴 모양이라면 라운드 모양을 했을 때 손가락이 길고 가늘어 보이는 효과가 있습니다. 라운드 모양은 충격에 강하고 긴 손톱에도 잘 어울리지만, 가장자리가 말리는 손톱은 너무 깊게 라운드를 주면 손톱이 살을 파고들 수 있으니 주의하세요.

oval shape

오벌 셰이프

오벌 셰이프는 손톱 끝 모서리를 중심으로 45도 각도로 파일링한 형태로 라운드보다 조금 더 뾰족한 총알 모양을 띠고 있습니다. 여성스럽고 우아한 모양으로 손톱이 길거나 손가락이 통통한 사람에게 잘 어울립니다. 손톱이 자라면서 안으로 말리는 사람은 오벌 형태를 하지 않는 것이 좋습니다.

pointed shape

포인트 셰이프

스틸레토라고도 불리는 포인트 셰이프는 오벌보다 끝을 더욱 뾰족하게 파일링해서 손을 더 길고 가늘어 보이게 합니다. 하지만 끝이 긴 만큼 부러지기 쉽기 때문에 손톱이 건강한 사람에게 추천합니다. 오벌 셰이프와 마찬가지로 손톱이 양쪽으로 말리는 사람은 주의해야 합니다.

손톱이 찢어졌을 때
응급처치

간혹 손톱이 찢어지거나 부러지는 일이 생길 수 있습니다. 이때는 실크 랩핑으로 응급처치를 하면 손톱의 찢어진 부분이 보호되고
네일아트도 평소처럼 진행할 수 있습니다.

준비해 주세요 ● 브러시 젤, 필러파우더, 골드 글루, 실크(실크 가위, 글루 드라이어)

재료 준비할 때 ● 글루 드라이어가 있으면 실크 랩핑을 좀 더 빠르게 진행할 수 있습니다.
실크는 실크 전용 가위를 사용해야 잘 잘라집니다.

따라 해보세요

❶ 손톱 위의 비상사태! 손톱 끝부분이 찢어졌습
니다.

❷ 손톱을 리무버로 깨끗하게 닦고 버퍼로 찢어
진 부분을 살짝 갈아 줍니다.

❸ 실크를 찢어진 부분보다 살짝 크게 자릅니다.

26

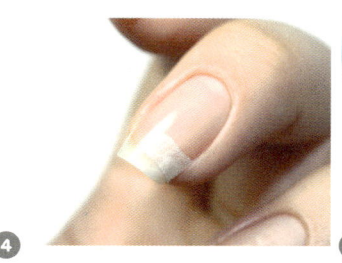

4 찢어진 손톱 위에 살짝 붙여 주세요.

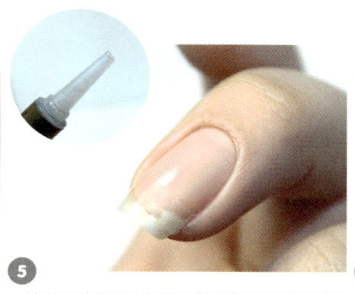

5 실크 표면에 골드 글루를 한 방울 떨어뜨립니다. 살에 닿지 않도록 살짝만 적셔야 합니다.

6 ❺ 위에 필러파우더를 톡톡톡 두드려 두께감을 만들어 줍니다.

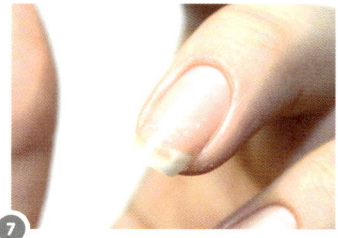

7 골드 글루를 한 번 더 해줍니다.

8 ❼ 위에 필러파우더도 한 번 더 뿌려 줍니다.

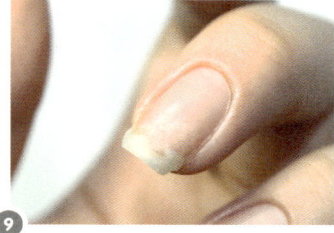

9 골드 글루 → 필러파우더 → 골드 글루 작업을 한 번 더 한 뒤 글루 드라이어로 빠르게 말립니다. 글루 드라이어가 없으면 그냥 마를 때까지 기다리면 됩니다.

10 ❾ 위에 브러시 젤을 발라 코팅을 합니다.

11 글루 드라이어로 말린 뒤 샌딩파일이나 버퍼로 표면이 매끈해질 때까지 부드럽게 갈아 줍니다(그릿수가 낮은 파일 → 높은 파일 순으로). 마지막으로 샤이너로 광을 냅니다.

12 부러진 손톱 응급처치가 끝난 상태.

13 옆에서 봐도 내 손톱처럼 매끈해야 합니다.

14 베이스코트까지 바르고 나니 거의 완벽하죠? 네일 컬러를 바르면 전혀 표가 안 난답니다.

글리터와 젤 네일
깨끗하게 지우는 방법

글리터와 젤 네일은 예쁘지만 지우기 힘들어서 시도하지 않는 분들이 많습니다. 하지만 손톱 손상을 줄이고 쉽게 지우는 방법이 있어요. 리무버로 깨끗하게 지우는 법과 투명한 네일 스티커를 네일 전에 미리 붙이는 테크닉을 소개합니다. 이지오프패치는 필오프 베이스코트와도 같은 역할을 한답니다.

따라 해보세요

1 이런 반짝이 글리터는 지우기가 정말 어렵습니다.

2 화장솜이나 물티슈를 잘라 리무버에 흠뻑 적셔 주세요.

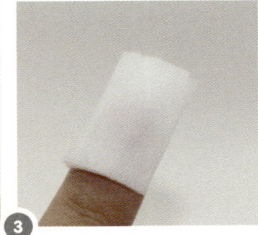
3 글리터 네일아트를 한 손톱 위에 물티슈나 화장솜을 올립니다.

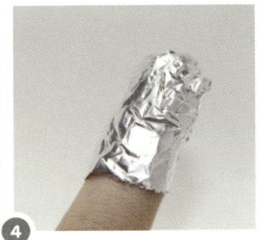
4 공기에 노출되지 않도록 은박지로 단단히 감싸 주세요.

5 전체적으로 은박지로 감싼 뒤 10분 정도 기다립니다.

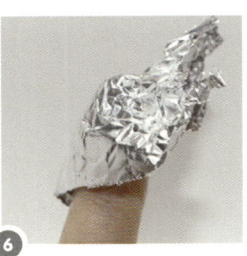
6 10분이 지난 후 은박지를 제거합니다.

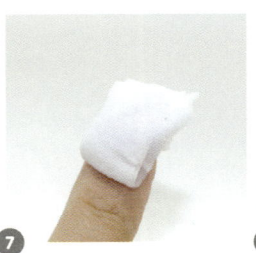
7 은박지로 감싸고 있던 물티슈 때문에 글리터가 흐물흐물해져 있을 때 글리터를 부드럽게 닦아 냅니다.

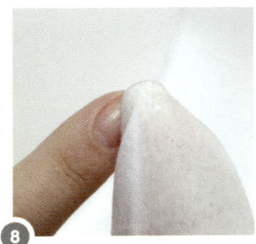
8 물티슈를 엄지에 꽉 말아 쥐고 리무버를 적신 다음, 남은 글리터를 꼼꼼하게 지웁니다.

⑨ 리무버로 인해 건조해진 손톱과 주변에 큐티클 오일을 발라 줍니다.

⑩ 손으로 문질러 큐티클 오일이 잘 흡수되게 합니다.

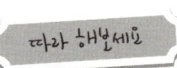
따라 해보세요

※ 네일트리 이지오프패치 활용하기

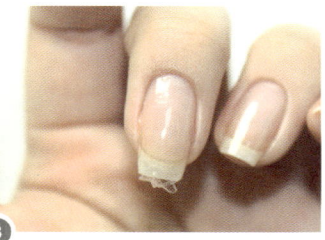

① 손톱의 유분기를 제거하고 베이스코트를 바릅니다.

② 핀셋으로 패치를 집어 손톱에 올린 후 주름지지 않게 살짝 당겨서 붙여 줍니다.

③ 남는 부분은 아래쪽으로 모아 줍니다.

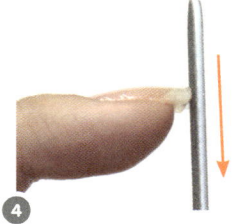

④ 파일로 위에서 아래로 갈아 줍니다.

⑤ 붙인 패치 위에 젤 네일을 진행합니다.

⑥ 지울 때는 사이드부터 핀셋으로 패치를 떼어 내면 됩니다.

기본 테크닉 익히기

컬러링

네일아트의 기본이 되는 컬러링부터 배워 보겠습니다. 매끄러운 컬러링은 아름다운 디자인의 기본이 됩니다.

따라 해보세요

1 손톱 전체에 베이스코트를 발라 주세요. 베이스코트는 에나멜이 잘 밀착되도록 도와주고, 손톱을 착색으로부터 보호해 주는 역할을 합니다. 네일아트를 하기 전에는 꼭 베이스코트를 바르세요!

2 손톱의 가운데 부분을 큐티클 라인에 맞추어 먼저 발라 주세요.

3 오른쪽, 왼쪽에 얇게 펴 바릅니다.

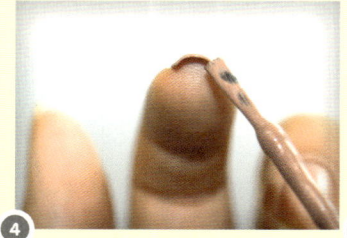

4 손톱 끝부분인 프리엣지를 한 번 둥글게 덧칠해 주세요. 매니큐어가 벗겨지지 않고 더 오래 지속될 수 있도록 도와줍니다.

5 전체적으로 한 번 더 발라 주세요. 매니큐어는 2회 정도 덧발라야 색이 제대로 나와요!

6 컬러가 어느 정도 마르면 탑코트를 프리엣지까지 얇게 발라 마무리합니다.

기본
프렌치 네일

심플한 프렌치 네일을 함께 해보겠습니다. 간단하게 네일아트 효과를 낼 수 있어 최근 인기를 얻고 있어요.

따라 해보세요

1 손톱 전체에 베이스코트를 바르세요.

2 손톱의 옆 라인 끝부분부터 바르세요.

3 반대편 옆 라인까지 둥글게 발라 주세요. 이 과정을 한 번에 끝내야 깔끔한 프렌치 라인을 만들 수 있어요.

4 같은 방법으로 한 번 더 발라준 다음, 컬러가 마르면 탑코트를 발라 마무리합니다.

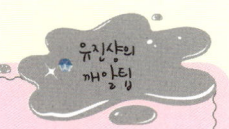
유지샘의 깨알팁

● **프렌치 네일 응용하기**
프렌치 네일은 베이스코트만 바른 상태에서 하면 가볍고 투명한 느낌을 연출할 수 있고, 기본 컬러로 풀콧을 한 뒤에 디자인을 하면 볼드하고 고급스러운 느낌을 연출할 수 있답니다.

딥
프렌치 네일

보다 높이 올라오는 딥 프렌치 네일을 해보겠습니다. 일반 프렌치보다 훨씬 더 정성들인 느낌이 들지요.

따라 해보세요

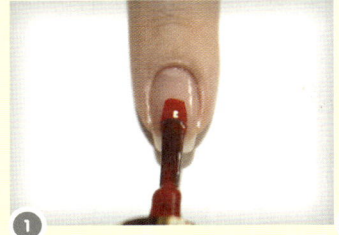

1 손톱 전체에 베이스코트를 바른 후 딥 프렌치 할 지점부터 일자로 발라 주세요.

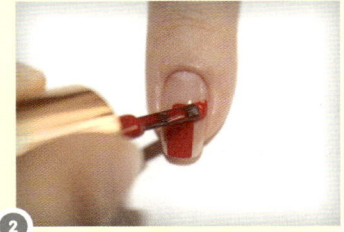

2 손톱의 ⅔지점부터 둥글게 반대쪽 옆면 끝까지 발라 주세요.

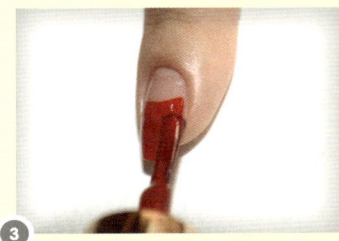

3 나머지 빈 공간도 얇게 발라 줍니다.

4 ❶~❸번 과정을 한 번 더 반복하여 덧칠해 줍니다.

5 골드 아트펜으로 프렌치 라인을 그어 줍니다.

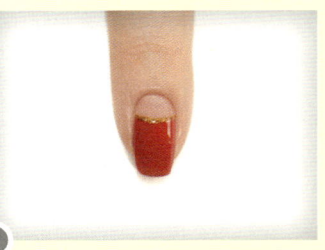

6 컬러가 어느 정도 마르면 탑코트를 발라 마무리합니다.

사선
프렌치 네일

언뜻 어려워 보이지만 정말 간단한 사선 프렌치 네일을 함께 해보겠습니다. 일반 프렌치보다
시크한 느낌을 원할 때 사선 프렌치를 시도해 보세요.

따라 해보세요

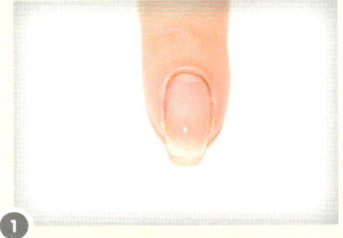

① 손톱 전체에 베이스코트를 골고루 바릅니다.

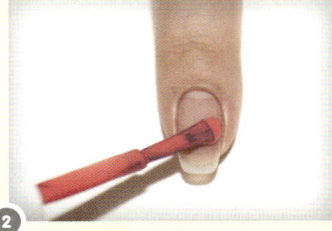

② 손톱의 ⅔지점부터 컬러를 사선 모양으로 바릅니다.

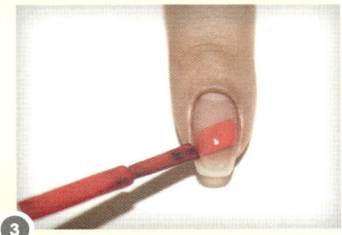

③ 손톱의 절반 지점까지 사선으로 그어 줍니다.

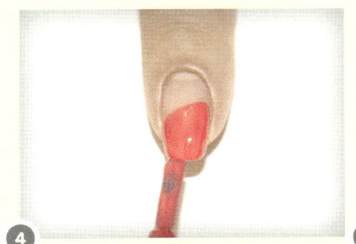

④ 사선 아래쪽의 빈 공간을 일자로 발라 메워 줍니다.

⑤ 컬러가 어느 정도 마른 뒤 탑코트를 바르면 사선 프렌치가 완성됩니다.

커튼
프렌치 네일

손톱 끝을 커튼 모양으로 장식했다 하여 이름 지어진 커튼 프렌치 네일입니다. 프렌치만 해도 귀엽고 다른 디자인을 할 때도 훌륭한 베이스가 된답니다.

따라 해보세요

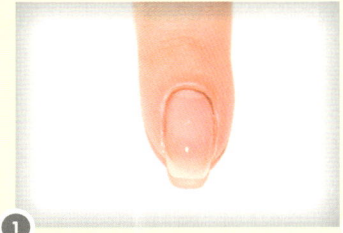

1 손톱 전체에 베이스코트를 바릅니다.

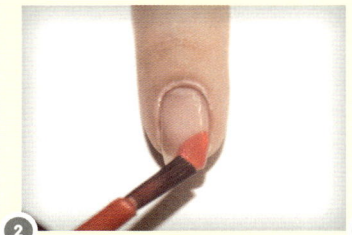

2 베이스코트를 바른 후 손톱 옆의 ⅓지점부터 가운데 방향으로 둥글게 반원을 그리며 컬러를 발라 줍니다.

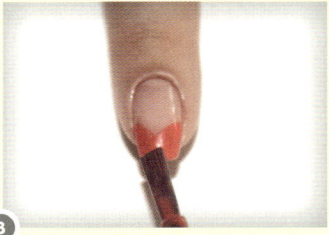

3 반대쪽도 같은 방법으로 반원을 그리며 발라 줍니다.

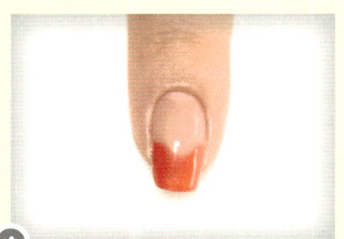

4 컬러가 어느 정도 마르면 탑코트를 발라 마무리합니다.

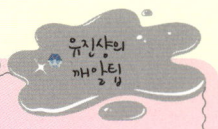

○ **변형 프렌치 네일아트**

요즘은 손톱 끝부분뿐만 아니라 옆쪽, 안쪽 등에 프렌치 감각의 디자인을 도입하는 경우가 많아지고 있습니다. 기본 프렌치가 익숙해지면 다양한 디자인을 시도해 보세요.

원 컬러
그라데이션

한 가지 컬러로 그라데이션을 해보겠습니다. 네일아트를 할 때 자주 사용하는 테크닉이기 때문에, 처음에 잘 익혀 두면 유용합니다.

따라 해보세요

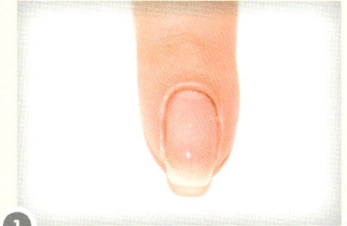

① 손톱 전체에 베이스코트를 바릅니다.

② 스펀지에 크고 작은 펄이 포함된 글리터 컬러를 바릅니다.

③ 손톱 아래쪽부터 위쪽으로 스펀지를 두들겨 주세요.

④ 손톱의 ⅓지점까지 글리터 컬러가 발라진 상태입니다.

⑤ 다시 한 번 스펀지에 컬러를 바르고 손톱 아래쪽부터 ⅔지점까지 두들겨 자연스러운 그라데이션을 만들어 줍니다.

⑥ 탑코트를 발라 마무리합니다.

투 컬러
그라데이션

두 가지 컬러를 이용한 그라데이션 테크닉입니다. 여기까지만 해도 기본 디자인은 완성된 느낌이 들죠? 보기보다 쉽고 효과적인 테크닉이랍니다.

따라 해보세요

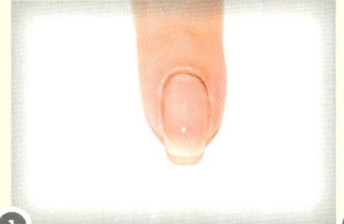

1 손톱 전체에 베이스코트를 바릅니다.

2 스펀지에 반투명 펄 컬러와 산호색을 차례로 발라 줍니다.

3 포스트잇에 두세 번 두들겨 주어 스펀지 컬러의 양을 조절합니다.

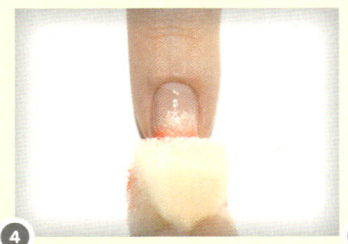

4 스탬핑을 하듯 손톱에 그대로 찍어 두들겨 줍니다. 미세하게 위아래로 왔다 갔다 하며 두들겨 컬러의 경계를 자연스럽게 해주세요.

5 같은 방법으로 한 번 더 반복합니다.

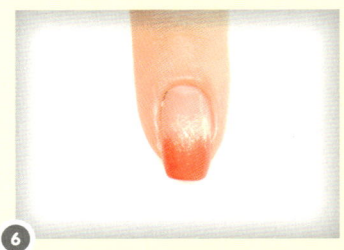

6 컬러가 어느 정도 마르면 탑코트를 발라 마무리합니다.

멀티 컬러 그라데이션

여러 가지 컬러를 이용해서 그라데이션 효과를 만들어 보겠습니다. 양 조절을 잘못하면 컬러가 뭉쳐지거나 너무 두꺼워 보일 수 있으니 주의하세요.

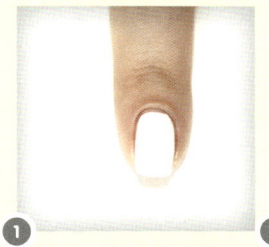

1 화이트 컬러로 풀 컬러링을 해줍니다.

2 스펀지에 네 가지 파스텔 컬러를 4등분 하여 발라 주세요.

3 포스트잇에 두세 번 두드려 스펀지에 묻어 있는 컬러의 양을 조절해 줍니다.

4 스탬핑을 하듯 손톱 위에 그대로 두들겨 줍니다. 연한 색상을 원할 때는 한 번, 진한 색상을 원할 때는 두 번 두들겨 주세요.

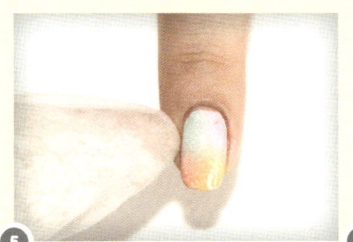

5 물티슈를 엄지손가락에 꽉 말아 쥐고 리무버를 적신 다음, 손톱 주위에 묻어 있는 컬러들을 깔끔하게 지웁니다.

6 펄 컬러를 덧발라 그라데이션 경계를 자연스럽게 합니다.

7 마지막으로 탑코트를 바르면 멀티 그라데이션 완성입니다.

도트 패턴

도트 패턴은 간단하면서도 발랄한 분위기를 만들어 줍니다. 도트스틱을 이용하면 간단하게 디자인할 수 있답니다.

따라 해보세요

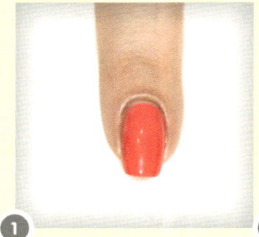

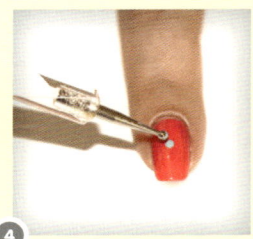

1 컬러를 전체적으로 한 번 펴 바릅니다.

2 포스트잇에 네일 컬러를 한 방울 떨어뜨립니다.

3 도트스틱에 네일 컬러를 찍어 줍니다.

4 손톱의 중심 부분에 점을 하나 찍습니다.

5 그 위아래에 동일한 간격으로 하나씩 더 찍습니다.

6 양쪽 옆에 엇갈리게 두 개씩 더 찍어 줍니다.

7 도트가 충분히 마른 뒤 탑코트를 바르면 완성입니다.

워터데칼을 이용한 네일아트

엘리자베카 워터데칼

워터데칼은 네일아트 전용 스티커입니다. 직접 그림을 그리는 것이 부담스러운 분들은 워터데칼을 활용하면 예쁜 디자인을 손쉽게 완성할 수 있어요.

따라 해보세요

1 섬세한 디자인이 돋보이는 워터데칼을 준비합니다.

2 검지는 레드 컬러를, 중지·약지·소지는 핑크 컬러를 발라 줍니다.

3 레터링 워터데칼을 잘라 물에 10초 정도 띄워 적셔 줍니다. 핀셋을 이용하면 편리합니다.

4 살짝 건져 내서 손끝으로 밀면 데칼만 분리됩니다.

5 약지 위에 살짝 비틀어 올립니다. 물기가 마르기 전에는 위치 이동이 가능하고, 물기가 마르면 그대로 고정됩니다.

6 다른 손톱에도 어울리는 데칼을 하나씩 올려 디자인을 한 뒤 탑코트를 바르면 워터데칼 네일아트가 완성됩니다.

스티커를 이용한 네일아트

커버네일 스티커

워터데칼과 비슷한 테크닉입니다. 그림에 자신이 없는 사람도 쉽게 시도할 수 있는 방법이니 초보자일 때 마음껏 즐겨 보세요.

따라 해보세요

1 검지, 중지, 소지에 오렌지 컬러로 딥 프렌치 해주세요. 약지는 골드 컬러로 전체 바릅니다.

2 핀셋으로 별 스티커를 떼어 냅니다.

3 중지 오른쪽 아래에 붙여 주세요.

4 아래쪽에는 큰 사이즈의 별을, 위쪽에는 작은 사이즈의 별을 붙여 주면 예쁩니다.

5 전체적으로 별 스티커를 올립니다.

6 탑코트를 발라 별 스티커 네일아트를 완성합니다.

네일패치를 이용한 네일아트

네일트리 네일패치

네일 폴리쉬 없이도 네일아트가 가능한 손톱 전체를 덮는 풀 네일패치입니다. 초보자 분들도 손쉽게 화려한 네일아트를 즐겨보세요.

따라 해보세요

1 접착력과 지속력을 높이기 위해 전체적으로 베이스코트를 발라 줍니다.

2 핀셋으로 손톱 사이즈에 맞는 스티커를 떼어 냅니다.

3 큐티클 라인에 잘 맞춰 일자로 붙여 주세요.

4 가장 주름지기 쉬운 양 사이드부터 꾹꾹 눌러 줍니다.

5 나머지 대각선 방향도 꾹꾹 눌러 줍니다.

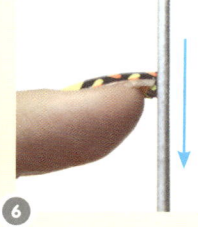

6 남은 패치들은 아래쪽으로 모은 후 동봉된 파일로 위에서 아래로 갈아 잔여 패치를 제거합니다.

For

Spring

PART 1

통통 튀는
봄의 네일

사랑이
이루어지는···

초콜릿 마블링의 힘으로 사랑이 이루어지게 도와주는 네일아트입니다. 원하는 컬러로 도트를 찍고 지그재그 그어 주는 것만으로 간단하게 마블링을 연출할 수 있습니다.

준비해 주세요

A 화려한 펄감의 골드 글리터 아트펜 – **세븐데이즈 골드 아트펜**
B 페인트 질감의 딸기우유 컬러 – **페리페라 바닐라핑크**
C 은은한 펄감의 초콜릿 컬러 – **야 초콜릿**
D 페인트 질감의 화이트 – **야 화이트**
E 세필 붓 – **바바라 706 숏 라이너**
F 리본 데코 파츠

재료 준비할 때 ● 세필 붓으로 미술 붓 화홍 0호 또는 바바라 706 숏 라이너를 사용할 수 있어요.

따라 해보세요

1 핑크, 화이트 컬러를 폴리쉬 붓으로 정해진 형식 없이 여러 번 찍어 줍니다.

2 초콜릿 컬러도 5번 정도 찍어 주세요. 색이 서로 겹치지 않게 간격을 조정해 주세요.

3 폴리쉬가 굳기 전에 세필 붓을 이용해 아래쪽부터 지그재그로 그어 마블 모양을 만듭니다.

4 컬러가 다 마른 후 펄 탑코트를 덧바릅니다.

5 스펀지에 골드 글리터 컬러를 묻혀 프렌치 라인에만 살살 두드립니다.

6 약지에 리본 파츠를 붙여 포인트를 주고 탑코트를 발라 완성합니다.

유진샘의 깨알팁

같은 디자인도 컬러에 따라 분위기가 달라집니다. 블루 컬러를 이용하면 보다 시원한 디자인이 완성된답니다.

소녀 감성

소프트한 핑크와 스카이 컬러를 네일에 절반 정도 바른 뒤 리본으로 여민, 소녀 감성이 가득한 딥 프렌치 스타일의 네일아트입니다. 쉬우면서도 깔끔한 이미지를 연출할 수 있습니다.

준비해 주세요

A 페인트 질감의 화이트 - **터치피아 화이트**
B 젤리 질감의 딸기우유 컬러 - **엘비다 베이비엔젤**
C 시원한 민트 컬러 - **부르조아 블루모델**
D 화려한 펄감의 실버 글리터 아트펜 - **금찌 실버 아트펜**
E 스와로브스키 스톤
F 세필 붓 - **바바라 706 숏 라이너**

따라 해보세요

1 핑크와 스카이 컬러를 딥 프렌치로 번갈아 가
며 발라 줍니다.

2 손톱마다 칠해진 컬러와 다른 컬러로 절반씩
발라 줍니다.

3 컬러의 경계 부분에 세필 붓으로 타원 두 개를
그려 줍니다.

4 선을 그려 리본 모양을 그려 줍니다.

5 실버 글리터로 딥 프렌치 라인을 깔끔하게 정
리합니다.

6 프렌치 라인에 스톤을 올려 포인트를 주고 탑
코트로 마무리합니다.

유지상의
깨알팁

○ **손톱을 부러지지 않게 기르려면**

손톱 옆에 홈이 생기면 부러지거나 찢어지기 쉽습니다. 1~2주에 한 번씩 손톱
옆을 우드파일로 살짝 갈아 주세요. 이렇게 하면 굴곡이 생긴 옆면이 매끄러워
져 손톱이 부러지지 않고 일자로 예쁘게 자란답니다.

벚꽃엔딩

손톱 위에 붓으로 그림을 그리기 때문에 아직 서툰 초보자도 글리터를 이용하면 간단하게 벚꽃을 만들 수 있습니다. 손톱 위에 수놓인 화사한 벚꽃으로 봄을 만끽해 보세요.

준비해 주세요

A 페인트 질감의 딸기우유 컬러 - **엘비다 베이비엔젤**
B 시원한 민트 컬러 - **부르조아 블루모델**
C 그라데이션을 자연스럽게 만들어 주는 여리여리한 펄 컬러 -
  보브 펄 탑코트
D 벚꽃을 만드는 원형 글리터 -
  야 블라인딩 플래시 핑크 1.5 / 화이트 1.5 / 화이트 2.0

따라 해보세요

1 스펀지에 사파이어 컬러와 핑크 컬러를 절반씩 발라 줍니다.

2 검지와 약지는 같은 방향으로, 중지와 소지는 반대 방향으로 두 번씩 두드려 그라데이션 한 후 아트 탑코트를 바릅니다.

3 2.0 사이즈의 화이트 글리터를 한 장씩 겹쳐 다섯 장을 돌아 가며 올립니다.

4 꽃잎 가운데 1.5 사이즈 핑크 글리터를 올려 벚꽃 모양을 만듭니다.

5 빈 공간에 적절히 벚꽃을 배치합니다.

6 전체적으로 벚꽃을 올립니다.

7 1.5 사이즈 화이트 글리터를 올려 벚꽃이 흩날리는 모습을 연출합니다.

8 아트 탑코트를 발라 완성합니다.

봄 향기

그린과 핑크 컬러를 이용해 손끝에서 봄 향기가 피어날 것만 같은 네일아트입니다. 그라데이션을 할 컬러는 반투명한 젤리질감의
컬러를 선택하는 것이 좋습니다.

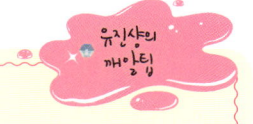

따라 해보세요

1 스펀지에 자잘한 펄 컬러 화이트 컬러를 차례로 묻혀 화이트 그라데이션을 합니다.

2 스펀지에 그린과 핑크 컬러를 사선으로 바릅니다.

※ 맑고 묽은 젤리 질감의 컬러를 선택해야 예쁘게 그라데이션이 나옵니다.

3 ❶의 바탕 위에 ❷의 스펀지를 한 번씩 찍어 줍니다.

4 펄 컬러를 한 번 덧발라 반짝이는 느낌을 더합니다.

5 세필 붓으로 둥근 선 세 개를 그려 화이트 플라워를 만듭니다.

6 빈 공간에 도트를 두세 개 찍어 줍니다.

7 꽃 중앙에 스톤을 하나씩 올리고 탑코트를 발라 완성합니다.

유진샘의 꺄알팁

● **그라데이션이 예쁘게 안 나온다면?**

컬러를 바른 스펀지를 포스트잇에 두세 번 찍어 스펀지에 묻어 있는 컬러의 양을 조절하세요. 컬러들이 적절히 섞이면 스펀지를 두드리세요. 그래야 자연스러운 그라데이션을 만들 수 있습니다. 특히 그라데이션을 할 때 기포가 생긴다면 반드시 스펀지의 컬러 양을 조절해 주어야 합니다.

푸딩
플라워

젤리 컬러를 이용해 마치 푸딩 위에 꽃이 떠 있는 이미지를 표현해 보겠습니다. 딥 프렌치를 하기에 손톱이 짧은 경우에는 전체적으로 바르면 디자인을 살릴 수 있습니다.

준비해 주세요

A 화려한 펄감의 골드 – 글리터 보브 골드 스톤펄(아트펜 대용)
B 페인트 질감의 밝은 핑크 컬러 – N.S.M 인디핑크
C 반투명 젤리 질감의 연한 핑크 – 글로리 자란초
D 페인트 질감의 진한 핑크 – 에뛰드 숨막히는 핑크
E 페인트 질감의 크림톤 핑크 – 스킨푸드 체리밀크
F 스와로브스키 스톤
　세필 붓, 펄 탑코트

따라 해보세요

❶ 반투명한 핑크 컬러로 딥 프렌치를 합니다.

❷ 세필 붓을 이용해 핫핑크 컬러로 꽃잎을 한 장 그려 줍니다.

❸ 서로 다른 컬러를 돌아 가며 색이 겹치지 않게 꽃잎을 다섯 장씩 그려 줍니다.

❹ 빈 공간에 꽃잎을 세 장씩 그려 넣습니다.

❺ 펄 탑코트를 바르고 프렌치 라인을 골드펄 아트펜으로 정리합니다.

❻ 스톤을 올리고 탑코트를 발라 마무리합니다.

유진샘의 꿀팁

● 네일 폴리쉬를 매끈하게 바르는 노하우

먼저 아무것도 바르지 않은 맨 손톱의 상태를 확인해 주세요! 결이 있는 울퉁불퉁한 손톱엔 어떤 컬러를 발라도 매끄럽지 않답니다. 먼저 샌딩버퍼로 손톱을 살짝 갈아서 표면을 정리하고, 샤이너로 만질만질하게 만들어 주세요. 그다음 베이스코트를 바르고 컬러를 얇게 2회 바르면 매끈하게 발라집니다. 단, 오래된 컬러는 점성이 생겨 매끄럽게 바르기 어려우니 시너(희석제)를 넣어 폴리쉬를 처음 상태처럼 부드럽게 만들어 준 다음 바르세요.

봄나들이

상큼한 그린과 옐로 컬러를 사용해 봄 분위기가 물씬 나는 네일아트입니다. 반짝반짝 글리터와 하얀색 들꽃이 싱그러운 봄 들판을 연상시킵니다.

따라 해보세요

1
스펀지 위쪽에는 옐로 컬러를, 아래쪽에는 그린 컬러를 발라 줍니다.

2
네일 위에 두 번씩 두드리고 잔잔한 골드 펄 컬러를 한 번 덧발라 자연스러운 그라데이션을 만들어 줍니다.

3
옐로 컬러와 그린 컬러의 경계 부분에 탑코트를 발라 줍니다.

4
탑코트를 묻힌 붓에 소량의 글리터를 묻혀 탑코트를 발랐던 부분에 조심스럽게 톡톡톡 올려 줍니다.

5
세필 붓을 이용해 화이트 컬러로 이파리를 그려 넣습니다.

6
핑크 컬러로 꽃잎 중간에 작은 도트를 찍어 꽃을 완성합니다.

7
전체적으로 꽃과 화이트 도트를 그려 넣고 컬러가 충분히 마른 뒤 탑코트를 발라 마무리합니다.

새 학기
칠판낙서

난이도

마치 새 학기를 맞은 개구쟁이들이 칠판에 낙서한 것 같은 네일아트입니다. 분필 느낌을 내기 위해 폴리쉬를 살짝 말린 후 그리는 것이 포인트입니다.

준비해 주세요

A 페인트 질감의 진한 녹색 컬러 – 페리페라 레트로 그린
B 크림 톤 밝은 옐로 – 페리페라 바닐라 옐로
C 페인트 질감의 화이트 – 야 화이트
D 페인트 질감의 진한 핑크 – 에뛰드하우스 숨막히는 핑크
E 페인트 질감의 진한 블루 – 라라 #8017
F 매트한 칠판 느낌을 표현하기 위한 탑코트 – 이니스프리 매트탑코트
G 세필 붓 – 바바라 706 숏 라이너

58

따라 해보세요

1 페인트 질감의 녹색 컬러로 한 번 발라 칠판을 만들어 줍니다.

2 분필 느낌을 내기 위해 화이트 컬러를 살짝 말린 뒤 치덕치덕한 느낌일 때 세필 붓으로 책과 연필을 그려 줍니다.

3 불투명한 페인트 질감의 핑크 컬러로 검지에 웃는 해를 그려 줍니다.

4 약지에는 옐로 컬러로 사람을 그리고, 소지에는 사용한 컬러들을 섞어 ㄱㄴㄷ 을 삐뚤빼뚤 그려 줍니다.

5 엄지에 화이트와 옐로 컬러로 별 모양을 그려 넣습니다.

6 원하는 낙서를 추가하고, 칠판 느낌을 내기 위해 매트한 탑코트를 발라 완성합니다.

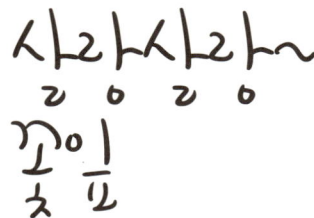

연한 꽃잎이 그대로 손끝에 물든 듯한 네일아트입니다. 순백의 꽃잎 느낌은 웨딩네일로도 손색이 없답니다. 청순한 네일아트를 좋아한다면 도전해 보세요.

준비해 주세요

A 여리여리한 펄감의 반투명 핑크 펄 – **다이아미 아이스베이지**
B 투명한 AB펄 컬러 – **다이아미 크리스마스 오로라**
C 젤리 질감의 반투명한 화이트 컬러 – **에씨 마시멜로우**
D 화려하고 빽빽한 글리터 컬러 – **야 홀로그램**
E 실버메탈 비즈
　세필 붓, 스펀지

따라 해보세요

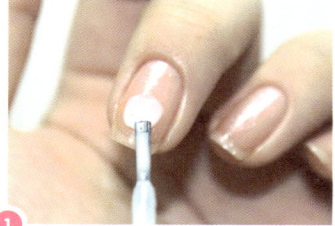

1 펄 컬러를 발라 연한 펄 바탕을 만든 뒤, 반투명 화이트 컬러로 꽃잎 하나를 그립니다.

※ 반투명 화이트 컬러가 없다면 탑코트와 화이트 컬러를 섞어서 만들 수 있습니다.

2 반투명 화이트 컬러로 아래쪽을 양옆으로 그려 줍니다.

3 세필 붓이나 이쑤시개 등 뾰족한 도구로 꽃잎의 경계를 만들어 줍니다.

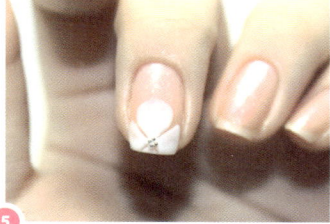

4 네 번씩 긁어 경계를 만들면 꽃 한 송이가 만들어집니다.

5 꽃송이 중앙에 실버메탈 비즈를 올립니다.

6 약지에 같은 방법으로 꽃잎을 그린 뒤 육각 글리터가 포함된 펄 컬러를 꽃잎 주위에 발라 반짝이는 효과를 줍니다.

7 스펀지에 홀로그램 펄 컬러를 바른 뒤, 검지와 소지에 아래쪽은 두껍게, 위로 갈수록 얇게 살살 두드려 원 컬러 그라데이션을 만듭니다.

8 그라데이션 위에 펄 컬러를 발라 자연스러운 그라데이션을 완성합니다.

9 탑코트를 발라 마무리합니다.

꿈결 같은

가이드너를 이용해 프렌치 라인부터 시작되는 파스텔 컬러의 그라데이션이 몽환적인 느낌을 주는 네일아트입니다. 그라데이션 방법이 조금 특이하지만 어렵지 않게 따라할 수 있답니다.

준비해 주세요

A 젤리 질감의 파스텔 톤 코랄 컬러 – 에스티로더 코랄컬트
B 젤리 질감의 파스텔 톤 연두색 – 에스티로더 압생트
C 젤리 질감의 파스텔 톤 블루 – 에스티로더 딜레탕트
D 젤리 질감의 파스텔 톤 연보라색 – 에스티로더 라일락레더
E 은은한 펄감의 펄 화이트 – 에뛰드하우스 루씨달링 펄 화이트
F 페인트 질감의 화이트 – 야 화이트
G 화려한 펄감의 골드 글리터 아트펜 – 세븐데이즈 골드 아트펜
세필 붓, 프렌치 가이드너

따라 해보세요

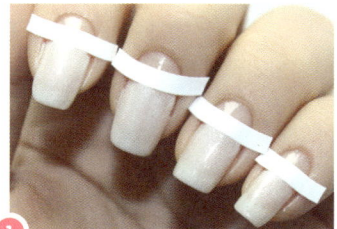

1 프렌치 가이드너를 사용하여 펄 프렌치를 해 줍니다. 가이드너가 없으면 일반 스카치테이 프를 사용해도 괜찮습니다.

2 스펀지에 펄 화이트 컬러를 바른 뒤 스펀지 끝 부분에 파스텔 컬러를 무작위로 바릅니다.

3 손톱에 두 번씩 톡톡 두드려 주면 프렌치 라인 부터 그라데이션이 시작됩니다.

4 프렌치 가이드너를 제거하고 펄 컬러를 덧발 라 자연스러운 그라데이션을 완성합니다.

5 약지를 제외한 프렌치 라인에 골드 라인을 그 립니다.

6 약지의 프렌치 라인에 세필 붓으로 예쁘게 리 본을 그려 포인트를 준 뒤 탑코트를 발라 마무 리합니다.

신비로운 분위기의
장미 젤 네일

난이도

순백의 화사한 장미가 활짝 핀 네일아트로, 웨딩네일로도 손색이 없답니다. 청순하고 여성스러운 네일아트를 좋아한다면 마음에 쏙 들 거예요.

준비해 주세요

A 은은한 펄감의 글리터 - **모디 젤 네일 실버슈가**
B 파스텔 톤 레몬 컬러 - **모디 젤 네일 스프링 선샤인**
C 파스텔 톤 코랄 컬러 - **모디 젤 네일 데일리 코랄**
D 파스텔 톤 민트 컬러 - **모디 젤 네일 민트캔디**
E 페인트 질감의 화이트 - **모디 화이트**
  세필 붓, 스톤

따라 해보세요

1 베이스 젤을 얇게 펴 바른 뒤 45초간 큐어링을 해줍니다.

2 스펀지에 코랄 컬러와 민트 컬러를 절반씩 도 넛 모양으로 발라준 다음, 중간 부분에 옐로 컬러를 콕 찍어 줍니다.

3 손톱에 그대로 찍어 두들겨 줍니다.

4 전체적으로 그라데이션을 만들어 준 뒤 45초 간 큐어링을 해줍니다.

5 세필 붓을 이용하여 장미의 중심이 될 부분에 화이트 컬러로 작은 점을 찍어 줍니다.

6 ❺의 점을 둘러싸는 선 세 개를 그려 줍니다.

7 ❻을 둘러싸는 선 세 개를 그려줍 니다.

8 전체적으로 장미를 완성합니다.

9 실버 슈가 펄컬러를 덧바르고 45 초간 큐어링을 한 뒤 장미 중심에 스톤을 올리고 탑젤을 바릅니다.

10 마지막으로 45초간 큐어링을 해 줍니다.

생화를 닮은
젤 네일아트

다양한 컬러를 사용하여 생동감 넘치는 봄을 담은 네일아트입니다. 기존의 생화를 올린 네일아트와는 달리, 젤 컬러를 이용해 직접 생화를 그리는 네일아트를 해보겠습니다.

준비해 주세요

A 페인트 질감의 화이트 - 커버 젤 네일 1호
B 진한 옐로 - 커버 젤 네일 37호
C 파스텔 톤 코랄 컬러 - 커버 젤 네일 38호
D 화려한 펄감의 골드 글리터 - 커버 젤 네일 24호
E 파스텔 톤 민트 컬러 - 커버 젤 네일 11호
   세필 붓, 스톤

A   B   C   D   E

따라 해보세요

1 베이스 젤을 얇게 펴 바른 뒤 30초간 큐어링을 합니다.

2 컬러 브러시로 톡톡 찍어 가며 꽃잎을 만들어 줍니다. 각 단계마다 살짝 살짝 큐어링을 해줍니다.

3 꽃 안쪽에는 세필 붓을 이용하여 골드 펄 컬러로 별 모양을 그려 줍니다.

4 진한 브라운 컬러로 꽃 중심에 도트스틱으로 도트를 찍어 줍니다.

5 아래쪽에는 코랄 컬러로 꽃잎을 두 장 만들어 빈 공간을 채워 줍니다.

6 전체적으로 꽃을 그린 모습입니다. 옐로, 화이트, 코랄, 민트 컬러의 조합입니다.

7 스톤을 두어 개 올리고 탑젤을 발라 30초간 큐어링하면 생화를 닮은 젤 네일아트가 완성됩니다.

유진샘의 깨알팁

⊙ 젤 네일 스톤 올리는 방법

스톤을 올릴 자리에 탑젤을 살짝 바르고 핀셋으로 스톤을 올린 뒤 5초간 큐어링을 하면 마무리 탑젤을 덧바를 때 스톤이 움직이지 않는답니다.

설레는 벚꽃

보기만 해도 설레는 벚꽃 디자인을 소개합니다. 파스텔톤 컬러를 사용해 일러스트 같은 느낌을 연출할 수 있습니다. 스펀지의 오돌토돌한 질감이 꽃잎이 떨어지는 느낌을 잘 표현해줍니다.

준비해 주세요

A 진한 초콜릿 컬러 – **반디 베얼리브라운**
B 반투명 핑크 베이스에 핑크+실버 글리터 –
　　차이나글레이즈 POM POM
C 은은한 펄감의 연한 핑크 – **스킨푸드 존클레어**
D 페인트 질감의 밝은 블루 – **토드라팡 타임쿨스올젯**
E 페인트 질감의 밝은 그린 – **토드라팡 비원**
F 세필 붓 – **바바라 706 숏 라이너**
　　스펀지

따라 해보세요

1 스펀지에 하늘색과 녹색을 살짝 겹치게 바른 뒤 포스트잇에 두 번 정도 두들겨 줍니다. 스펀지에 묻어 있는 컬러의 양을 조절하고 기포가 생기지 않게 하는 과정입니다.

2 엄지와 중지, 약지 손톱 위에 두 번씩 두들겨 줍니다. 한 번 두들겨 주고 1분 정도 건조시킨 뒤 한 번 더 두들겨 주면 뭉치지 않습니다.

3 그 위에 펄 탑코트를 한 번 덧바르면 그라데이션이 한결 자연스러워집니다.

4 세필 붓을 이용하여 벚꽃 나무를 그립니다. 갈색 컬러로 한쪽으로 살짝 기울어지게 둥치를 그리고 나뭇가지를 쓱쓱 그려주세요! 그냥 자유롭게 그리면 됩니다.

5 중지와 약지의 나무는 서로 바라보는 구도로 그리면 한결 예쁘답니다. 엄지는 그리기 편한 방향으로 자유롭게 그리면 됩니다.

6 스펀지에 사선으로 핑크 컬러를 바르고 포스트잇에 두 번 정도 두드려 폴리쉬의 양을 조절합니다. 이 과정을 생략하면 그라데이션이 안 예쁘게 나올 수 있습니다.

7 핑크 컬러를 벚꽃 부분에만 톡톡 두드려 찍어 줍니다. 엄지와 중지, 약지 모두 같은 방법으로 진행합니다.

8 자잘한 핑크 펄이 들어 있는 폴리쉬를 벚꽃 부분에만 살짝살짝 발라 줍니다. 벚꽃이 떨어지는 듯한 느낌의 벚꽃 나무 완성입니다.

9 핑크 컬러를 스펀지에 묻혀 검지와 소지에 톡톡톡 한 번씩만 두드려 찍어 줍니다. 프렌치 네일 느낌으로 진행하면 됩니다.

10 펄 컬러를 살짝 덧바른 뒤 탑코트를 바르면 설레는 벚꽃 네일아트 완성입니다.

For

Summer

PART 2

눈에 확 띄는
여름의 네일

상큼한
레모네이드

보기만 해도 상큼하고 시원한 레모네이드를 그라데이션과 도트 기법을 이용해 네일 위에 옮겨 보았습니다. 화이트 도트로 청량감
넘치는 공기방울을 표현했답니다.

준비해 주세요

A 페인트 질감의 화이트 - 터치피아 화이트
B 젤리 질감의 반투명 옐로 - 야 핫옐로
C 반투명 레몬 컬러 베이스에 실버 글리터 컬러 - MSN 버터플라이
D 페인트 질감의 밝은 옐로 - 페리페라 바닐라 옐로
E 페인트 질감의 그린 - 페리페라 바닐라 그린
F 페인트 질감의 블랙 - 야 블랙
G 도트스틱
H 세필 붓 - 바바라 706 숏 라이너 / **I** 스펀지

따라 해보세요

1 스펀지에 옐로 펄, 바닐라 옐로, 핫옐로 컬러를 차례대로 묻혀 주세요.

2 ❶의 스펀지로 손톱을 두 번 정도 톡톡 두드립니다.

3 그라데이션한 네일 위에 펄 컬러를 한 번 덧발라 반짝이게 연출합니다.

4 세필 붓을 이용해 녹색 컬러로 잎을, 블랙 컬러로 잎 선을 그려 주세요.

5 도트스틱으로 화이트 도트를 손톱 끝부분부터 점점 작게 찍어 줍니다.

6 AB육각 글리터를 두 개 정도 올리고 탑코트를 발라 마무리합니다.

도트로 완성하는
귀여운 옥수수

난이도

짧은 손톱에 잘 어울리는 옥수수 네일아트입니다. 약지에는 포인트로 옥수수를 한 알씩 그려 넣었어요. 크게 어렵지 않으니까 한 번 따라 해보세요.

준비해 주세요

A 페인트 질감의 진한 옐로 – **페리페라 망고캔디**
B 크림 톤 레몬 컬러 – **라라리즈 8034**
C 페인트 질감의 그린 – **페리페라 바닐라그린**
D 도트스틱
E 세필 붓 – **바바라 706 숏 라이너**

따라 해보세요

1 진한 옐로 컬러를 약지를 제외한 손톱에 전체적으로 바릅니다.

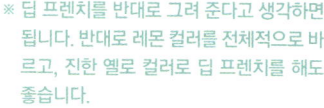

2 레몬 컬러로 옥수수의 씨눈을 그립니다.

※ 딥 프렌치를 반대로 그려 준다고 생각하면 됩니다. 반대로 레몬 컬러를 전체적으로 바르고, 진한 옐로 컬러로 딥 프렌치를 해도 좋습니다.

3 아주 작은 도트스틱으로 옐로 컬러를 살짝 찍어 약지에 세로로 빽빽하게 찍어 옥수수 알을 표현합니다.

4 바닐라그린 컬러로 잎을 그려 넣습니다.

5 탑코트를 발라 완성합니다.

달콤
팥빙수

난이도

베스킨라빈스의 '아빠와 팥빙수' 아이스크림의 색상 배합에서 아이디어를 얻어 만든 네일아트입니다. 곰돌이 파츠로 포인트를 주면 더욱 귀엽답니다.

준비해 주세요

A 그라데이션용 여리여리한 펄 – **보브 펄 탑코트(골드)**
B 페인트 질감의 연한 팥죽색 – **글로리 감**
C 페인트 질감의 화이트 – **야 화이트**
D 화려한 펄감의 골드 글리터 아트펜 – **에뛰드하우스 골드 아트펜**
E 스펀지
F 곰돌이 파츠
G 별 글리터

따라 해보세요

1 스펀지에 화이트와 옅은 팥죽 컬러를 번갈아 가며 사선으로 발라 줍니다.

2 스펀지를 두 번 정도 두드려 스트라이프 그라 데이션을 연출합니다.

3 팥 컬러를 덧발라 그라데이션을 자연스럽게 합니다.

4 멀티 글리터 중에서 별 글리터만 골라 두세 개 씩 올려 줍니다.

5 골드 글리터로 프렌치 라인을 긋고 약지에는 곰돌이 파츠를 올린 뒤 탑코트를 발라 완성합 니다.

오렌지
칵테일

오렌지 칵테일처럼 주황과 라임 컬러를 그라데이션한 네일아트입니다. 별 모양의 스티커와 파츠로 포인트를 주면 더욱 완성도 높은 디자인이 되지요.

준비해 주세요

A 진한 오렌지 컬러 – **카렌 R-004**
B 페인트 질감의 라임 컬러 – **글로리 처녀**
C 페인트 질감의 연보라 – **글로리 찔레꽃**
D 화려한 펄감의 실버 글리터 아트펜 – **세븐데이즈 실버 아트펜**
E 스와로브스키 스톤
F 별 스티커
　　스펀지, 프렌치 가이드너

따라 해보세요

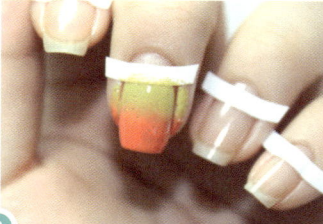

1 스펀지에 주황과 라임 컬러를 절반씩 발라 줍니다.

※ 라임 컬러 대신 진한 옐로 컬러를 이용해도 좋습니다.

2 프렌치 가이드너를 붙여 준 뒤, 스펀지를 손톱에 두 번 두드립니다.

※ 자연스러운 칵테일 그라데이션을 원한다면 펄 컬러를 한 번 더 덧바릅니다.

3 ❶, ❷와 같은 방법으로 전체적인 그라데이션을 진행합니다. 약지에는 라임과 연보라 컬러로 포인트를 줍니다.

4 중지와 엄지에 타투 느낌이 나는 별 스티커를 붙입니다.

5 실버 아트펜으로 프렌치 라인을 그려 깔끔하게 정리합니다.

6 약지에 별 파츠와 스톤을, 나머지 손톱 프렌치 라인 끝에는 스톤을 하나씩 올리고 탑코트를 발라 완성합니다.

판타스틱 형광 플라워

난이도

여름에는 톡톡 튀는 형광네온 컬러가 산뜻하고 예쁘답니다. 형광네온 컬러를 이용해 손끝에 꽃을 연출한 네일아트를 소개합니다. 스톤을 이용해 화려함까지 더해 보세요.

따라 해보세요

1 형광그린 컬러로 딥 프렌치를 해줍니다.

2 그 위에 형광핑크 컬러로 오른쪽 하단을 툭툭 찍습니다.

※ 직선 마블링을 하기 위해서 폴리쉬가 굳기 전에 빠르게 진행합니다.

3 세필 붓에 화이트 컬러를 살짝 묻혀, 손톱 가장자리에서 안쪽으로 쭉쭉 그어 꽃 모양을 만듭니다.

4 꽃 부분에 펄 컬러를 덧발라 반짝이는 효과를 줍니다.

5 꽃잎 중심에 스톤을 세 개 정도 올립니다.

6 프렌치 라인에 골드 아트펜을 긋고 탑코트를 발라 완성합니다.

유진샤의 깨알팁

● **세필 붓을 다루기 어렵다면**

세필 붓이 있으면 할 수 있는 네일아트의 범위가 훨씬 넓어집니다. 하지만 그만큼 다루기 어려운 것이 세필 붓이기도 합니다. 세필 붓을 다룰 때는 먼저 붓에 묻어나는 컬러의 양을 조절하는 연습이 필요합니다. 끝부분에 컬러가 뭉툭하게 묻어 있지 않고 붓 전체에 균일하게 묻어날 수 있도록 조절하고, 직선과 물결 모양을 바르게 그리는 연습부터 시작합니다. 초보자들이 세필 붓 사용법을 익히기 가장 좋은 그림은 장미 무늬입니다. 신비로운 장미 네일(p.64)을 참고하여 연습해 보세요.

하와이안
플라워

난이도

강렬한 그리니쉬 블루와 레드 컬러가 어우러진 핫 서머 네일아트입니다. 톡톡 튀는 컬러의 하와이안 플라워로 여름휴가를 떠난 기분을 느껴 보는 건 어떨까요?

준비해 주세요

A 젤리 질감의 청록색 – 반디 그리니쉬 블루
B 은은한 펄감의 진한 레드 – 반디 레드 피에스타
C 젤리 질감의 형광 오렌지 – 에뛰드하우스 크레이지 오렌지
D 젤리 질감의 옐로 – 더페이스샵 옐로우
E 스와로브스키 스톤
　 세필 붓

따라 해보세요

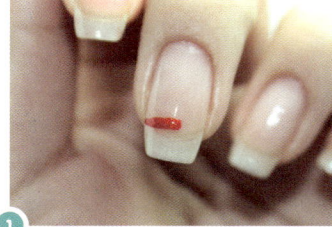

1 세필 붓을 이용해 레드 컬러를 수평으로 한 줄 그어 줍니다.

2 위아래도 다시 두 줄씩 더 그어 줍니다.

3 오렌지 컬러로 레드 컬러 사이사이에 직선을 그리고, 같은 방식으로 오렌지와 옐로 컬러로 아래쪽에 작은 꽃을 그려 줍니다.

4 그리니시 블루 컬러로 이파리를 그려 줍니다.

5 이파리에 줄기를 그려 넣고 펄 탑코트를 발라 반짝임을 더합니다. 스톤을 올리고 탑코트를 발라 완성합니다.

○ 플라워 그리는 순서

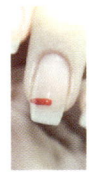  

유진샘의 깨알팁

○ **세필 붓 세척법**

세필 붓을 사용한 뒤에는 리무버에 적신 솜에 깨끗이 닦고 물(물티슈)로 한 번 더 닦아 줍니다. 닦을 때는 브러시에 너무 많은 힘을 주지 않도록 주의합니다. 손으로 붓끝을 뾰족하게 만들어 서늘한 곳에 세워서 보관해 주세요. 세척과 보관을 잘 해야 붓끝 갈라짐도 적고 더 오래 사용할 수 있습니다.

찢어진
청바지

블루 컬러를 이용하는 것만으로도 기분이 시원해지는 네일아트입니다. 프렌치 라인을 찢어진 청바지 느낌으로 표현해 주면 캐주얼한 멋이 살아납니다.

준비해 주세요

A 진한 초콜릿 컬러 – 반디 베얼리브라운
B 페인트 질감의 화이트 – 야 화이트
C 젤리 질감의 연한 블루 – 야 스카이
D 화려한 홀로그램 글리터 – 야 홀로그램
E 젤리 질감의 반투명 블루 – 야 도저블루
F 메탈 비즈를 오래 유지할 수 있도록 도와주는 탑코트 – 야 아트 탑코트
G 골드메탈 비즈 2.0
H 세필 붓 – 바바라 706 숏 라이너 / 스펀지

따라 해보세요

1 블루 컬러를 이용해 사선으로 딥 프렌치를 해 줍니다.

2 스펀지 모서리에 진한 블루 컬러를 묻혀, 세로로 두 줄, 가로로 두 줄 찍어 줍니다.

3 세필 붓에 진한 블루 컬러를 묻힌 후 끊어지는 듯한 느낌을 살려 세로, 가로로 선을 그어 줍니다.

4 화이트 컬러를 탑코트와 섞어 묽게 만든 뒤 세필 붓으로 세로, 가로 선을 그어 줍니다.

5 진한 블루 컬러로 프렌치 라인을 긋고, 화이트 컬러로 스티치 모양을 그려 줍니다.

6 홀로그램 컬러로 화이트 라인과 프렌치 라인을 살짝살짝 터치해 줍니다.

7 약지에 브라운 컬러를 칠하고 메탈 비즈 2.0 사이즈를 세 개 올려 버클을 만들어 줍니다.

8 프렌치 라인에 화이트, 블루, 진 블루 컬러를 짧은 직선으로 그려 찢어진 청바지 느낌을 주고 아트 탑코트를 발라 마무리합니다.

선글라스

선글라스를 긴 새침한 아가씨의 얼굴을 표현한 익살스럽고 귀여운 네일아트입니다. 알록달록한 컬러감으로 기분전환에도 그만입니다.

준비해 주세요

A 형광 그린 - 리오엘리 썸머그린
B 형광 오렌지 - 리오엘리 비키니오렌지
C 형광 핑크 - 리오엘리 비키니핑크
D 페인트 질감의 연한 스킨 톤 컬러 - 리오엘리 소프트베이지
E 형광 옐로 - 리오엘리 비키니옐로우
F 채도 높은 레드 - OPI 콜린스에비뉴
G 페인트 질감의 블랙 - 야 블랙
H 진한 블루 - 캔바슨 아쿠아 블루
   세필 붓

따라 해보세요

1 손톱 끝부분에 그린, 오렌지, 블루, 핑크 컬러를 둥글게 발라 주세요. 손톱이 짧은 경우엔 전체를 바르세요.

2 소프트 베이지 컬러를 화이트 컬러와 섞어 세필 붓으로 얼굴 모양을 그려 주세요. 이때 검지와 소지는 옆모습으로 그려 주는 센스!

3 블랙 컬러로 선글라스를 그립니다.

4 모든 손톱에 선글라스를 그려 줍니다.

5 레드 컬러로 입술을 그리고 탑코트를 발라 마무리합니다.

유진샘의 깨알팁

● **그라데이션 스펀지는 어디서 구입하나요?**

일반 문구점에 가면 문구용 스펀지를 쉽게 구입할 수 있습니다. 칼로 조각조각 잘라 지퍼백에 보관하여 사용하면 좋습니다. 가격도 천 원 내외로 저렴하고 양도 많아서 두고두고 사용하기 좋습니다.

떠나요
바캉스!

난이도

보기만 해도 당장 떠나고 싶어지는 해변을 손끝에 옮겨 놓은 네일아트입니다. 손톱 위에 그리기가 조금 어려울 수 있지만 연습하다 보면 누구나 할 수 있습니다.

준비해 주세요

A 페인트 질감의 블랙 - 야 블랙
B 페인트 질감의 화이트 - 터치피아 화이트
C 페인트 질감의 블루 - 캔바슨 아쿠아블루
D 파스텔 스카이블루 - 잇츠스킨 GR102
E 은은한 펄감의 진한 레드 - 반디 레드피에스타
F 화려한 펄감 실버 글리터 아트펜 - 금찌 실버 아트펜
G 스와로브스키 스톤
H 세필 붓 - 바바라 706 숏 라이너 / **I** 스펀지

따라 해보세요

1 스펀지를 사용해 하늘색 컬러를 딥 프렌치 합니다.

2 아쿠아 블루 컬러로 일자 프렌치를 한 뒤 펄 컬러를 스펀지에 발라 컬러의 경계 부분을 두드려 줍니다.

3 세필 붓을 이용해 화이트 컬러로 중지에서 약지로 이어지는 파라솔을 연출합니다.

4 화이트 컬러와 블랙 컬러로 갈매기를 표현합니다.

5 레드 컬러로 파라솔을 그립니다.

6 스톤을 올리고 탑코트를 발라 완성합니다.

유진샹의 깨알팁

● **반짝이는 스톤에 관해**

유진샹이 자주 사용하는 스톤은 AB스와로브스키 스톤입니다. 네일 스톤 중에서도 커팅이 유난히 좋아 반짝임이 아름답습니다. 꽃 중심이나 프렌치 라인에 올리는 등 활용도가 매우 높아요. 일반(크리스털), AB(레인보우) 등 두 가지가 있고, 크기는 1.5~5mm까지 열 가지 내외로 다양합니다.

명화 느낌
네모네모

네모 패턴을 활용해서 디자인한 네일아트입니다. 약지에 원형 글리터를 일렬로 붙여 포인트를 주고, 네모마다 실버 아트펜으로 테두리를 둘러 블링블링한 느낌을 더했습니다.

준비해 주세요

A 젤리 질감의 연한 스킨 톤 컬러 - 잇츠스킨 누디 브라운
B 형광 오렌지 - 라라러블리 8021
C 페인트 질감의 진한 블루 - 라라리즈 8017
D 형광 옐로 - 잇츠스킨 네온 옐로우
E 화려한 펄감의 실버 글리터 아트펜 - 금찌 실버 아트펜
F 홀로그램 실버 원형 글리터 - 야 블라인딩 플래시 홀로그램 1.5
G 세필 붓 - 바바라 706 숏 라이너

따라 해보세요

1 세필 붓을 이용해 스킨 컬러와 오렌지 컬러로 네모와 비뚤어진 네모를 그립니다.

2 ❶의 남은 위쪽 부분에 원형 글리터로 네모를 만들어 줍니다. 사이드 부분은 글리터를 잘라 붙입니다.

3 세필 붓으로 옐로 컬러와 블루 컬러를 지그재 그로 그려 주고, 실버 아트펜으로 네모의 테두 리를 그립니다.

4 검지와 소지에는 블루와 오렌지 컬러를 이용 해 세모와 네모를 그리고 실버 아트펜으로 테 두리를 그려 줍니다.

5 약지에 원형 글리터를 일렬로 나란히 붙인 다 음 실버 아트펜으로 둘러 주고, 탑코트로 마 무리합니다.

유진샹의 께일팁

◦ 세필 붓 고르기

유진샹은 '바바라 706 숏 라이너'를 사용합니다. 바바라 706 숏 라 이너 모의 길이와 숱이 세밀한 작업에 적합하거든요. 초보자들 에게는 일반 문구점에서 파는 미술용 브러시 '화홍 0호'를 추천합 니다. 먼저 저렴한 제품으로 연습을 해본 후 고가의 제품을 사용 하는 것이 좋습니다.

투명한
유리알

난이도

네일 중앙을 비우고 글리터와 스톤으로 신비로운 유리알을 표현한 네일아트입니다. 가지고 있는 스티커를 이용해 다양한 모양으로 응용해 볼 수 있답니다.

준비해 주세요

A 여리여리한 펄감의 연한 민트 컬러 - **글로리 고란초**
B 메탈릭한 펄감의 실버 - **야 로얄실버**
C 그라데이션용 여리여리한 펄 - **보브 펄 탑코트(실버)**
D 투명한 원형 글리터 - **야 원형글리터 1.5 / 2.0**
E 반투명한 그린 다이아 글리터 - **샨 라임한쪽**
F 스와로브스키 스톤
  실버 아트펜, 세필 붓

따라 해보세요

1 글로리 고란초 컬러로 프렌치를 해줍니다.

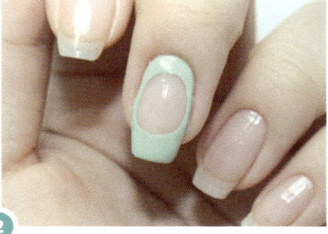

2 엄지, 중지, 소지의 큐티클 쪽에 역프렌치를 하고 자연스럽게 원을 만들어 채워 줍니다.

3 약지는 로얄실버 컬러로 포인트를 주고 전체적으로 펄 탑코트를 바릅니다.

4 샨 라임한쪽 글리터를 컬러링한 부분에만 올려 줍니다.

5 실버 아트펜으로 라인을 그어 주고 유리알 부분에 크기가 다른 글리터를 올립니다.

6 약지에 스톤을 올리고 탑코트를 발라 마무리합니다.

For

Autumn

PART 3

심플하고 지적인
가을의 네일

초간단
체크

세필 붓이 없어도 간단하게 체크 네일아트를 연출할 수 있어요. 프렌치 스타일도 예쁘지만 손톱이 짧은 경우에는 손톱 전체에 해도 어울립니다.

준비해 주세요

A 페인트 질감의 연한 팥죽색 - **글로리 감**
B 페인트 질감의 화이트 - **모디 화이트**
C 화려한 펄감의 골드 글리터 아트펜 - **금찌 골드 아트펜**
D 컬러 스톤
　 화이트 아트펜

따라 해보세요

1 화이트 컬러와 밀크초코 컬러를 폴리쉬 붓으로 사선 프렌치를 해줍니다.

2 밀크초코 컬러를 반대 방향 사선으로 그어 줍니다.

3 화이트 아트펜으로 밀크초코 컬러 부분의 중앙에 선을 그어 줍니다.

4 골드 아트펜을 반대 방향으로 그어 주면 체크가 완성됩니다.

5 나머지 손톱에도 같은 방식으로 체크를 완성합니다.

6 컬러 스톤을 세 개씩 올리고 탑코트를 발라 마무리합니다.

청순 호피

호피도 청순할 수 있다?! 자칫 무겁고 과해 보일 수 있는 애니멀 프린트 대신 베이스 컬러를 배제하고 핑크를 이용해 청순함까지 살린 청순 호피 무늬에 도전해 보세요.

준비해 주세요

A 투명한 화이트 글리터 – 이니스프리 화이트윈터
B 펄 베이스용 여리여리한 펄 – 보브 펄 탑코트(실버)
C 젤리 질감의 은은한 핑크 펄 – 네일즈 프린세스 쉬머핑크
D 자잘한 펄감의 골드 글리터 – 다이아미 카니발 골드
E 베이식 브라운 – 반디 오트밀브라운
　　 세필 붓, 스와로브스키 스톤

따라 해보세요

1 전체적으로 여리여리한 펄 컬러를 한 번 덧발라 준 뒤 화이트윈터 컬러를 사선으로 발라 줍니다.

2 핑크 컬러를 사선으로 톡톡 찍어 줍니다.

3 세필 붓을 이용해 골드 컬러로 핑크 컬러의 양쪽 테두리를 둘러 줍니다.

4 전체적으로 핑크 컬러에 골드 컬러 테두리를 둘러 호피 무늬를 만듭니다.

5 오트밀브라운 컬러로 호피 무늬 중간중간 도트를 찍습니다.

6 스톤을 사선 프렌치 각도에 맞춰 세 개씩 올리고 탑코트로 마무리합니다.

유진샘의 깨알팁

● **손톱깎이는 사용하지 마세요!**
손톱깎이를 사용하면 손톱에 충격이 가해져 손톱이 부러지거나 갈라지기 쉽습니다. 우드파일로 부드럽게 갈아 손톱의 모양과 길이를 조절해 주세요.

골드 칼라 블라우스

손톱에 블링블링한 골드 컬러로 포인트를 준 깜찍한 블라우스를 입혔어요. 약지는 핑크 컬러로 포인트를 줬답니다. 짧은 손톱에도 잘 어울리는 네일아트 디자인입니다.

준비해 주세요

A 페인트 질감의 화이트 - 야 화이트
B 화려한 펄감의 골드 글리터 아트펜 - 금찌 골드 아트펜
C 페인트 질감의 진한 핑크 - MCC쿠셔니 네일 핫핑크봉봉
D 골드메탈 비즈

따라 해보세요

1 화이트 컬러 폴리쉬 붓으로 왼쪽 대각선 방향으로 한 번, 오른쪽 대각선 방향으로 한 번 긋고 아랫부분을 채워 줍니다. 약지는 핑크 컬러로 포인트를 줍니다.

2 골드 라이너로 블라우스 칼라를 한쪽씩 그려 줍니다.

3 전체 손톱에 골드 라이너로 블라우스 칼라를 그려 줍니다.

4 골드메탈 비즈를 두 개씩 이용해 블라우스에 콩단추를 달아 줍니다.

5 전체적으로 콩단추를 달아 주고 탑코트를 발라 마무리합니다.

스킨 호피

난이도

무난한 스킨 컬러를 베이스로 세련된 느낌을 주는 네일아트입니다. 섹시한 호피 무늬는 전체 손톱에 하기보다 포인트로 두 개 정도 손톱에 하는 게 예쁘답니다.

준비해 주세요

A 진한 버건디 - 샤레도아 #6
B 젤리 질감의 스킨 컬러 - 보브 클래식아몬드
C 자잘한 펄감의 골드 글리터 - OPI 마이 페이보릿 오나먼트
D 세필 붓 - 바바라 706 숏 라이너

따라 해보세요

1 베이지 컬러를 두 번 펴 바릅니다.

2 중지와 약지에 골드 컬러를 폴리쉬 붓으로 찍어 줍니다.

3 루비 컬러를 세필 붓을 이용해 골드 컬러를 감싸주듯 그립니다.

4 루비 컬러를 빈 공간에 콕콕 찍어 줍니다.

5 검지에 리본 파츠를 올리고 탑코트를 발라 마무리합니다.

달콤 쿠키

난이도

보기만 해도 달콤한 쿠키를 손끝으로 옮겨 왔어요. 도트스틱을 이용해 간단히 찍는 것만으로 쿠키에 콕콕 박힌 초콜릿을 표현할 수 있답니다.

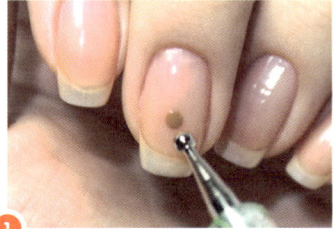

① 중지에 크기가 큰 도트스틱에 브라운 컬러를
묻혀 손톱 중앙에 찍습니다.

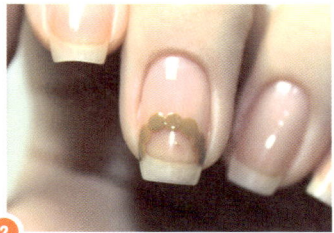

② 중심 도트 양쪽으로 내려가면서 도트를 찍어
줍니다.

③ 손톱 끝을 같은 컬러로 칠해 쿠키 베이스를 완
성합니다.

※ 도트가 마르기 전에 빨리 진행해야 예쁜 쿠
키 모양이 나옵니다.

④ 도트스틱 반대쪽의 작은 부분에 핑크 컬러를
묻혀 중심에 도트 하나, 간격을 조금 두고 양
쪽에 블루, 옐로 도트를 하나씩 찍은 뒤, 위아
래로 블루, 옐로 도트를 두 개씩 찍습니다.

⑤ 검지, 중지, 소지에 같은 방법으로 쿠키를 만
들어 줍니다.

⑥ 약지와 엄지는 연한 브라운 컬러를 전체에 바
릅니다.

⑦ ④와 같은 방법으로 엄지와 약지에 큰 도트스
틱을 이용해 핑크, 블루, 옐로 컬러를 묻혀 도
트를 찍어 줍니다.

⑧ 탑코트를 발라 완성합니다.

청순 플라워

핑크 글리터 컬러를 기본으로 하고 브라운 컬러로 꽃을 그려 보았어요. 톤다운된 색감으로 차분하면서 성숙한 분위기를 물씬 풍겨요. 가을에 꼭 어울리는 네일아트입니다.

준비해 주세요

A 은은한 핑크와 브라운 펄감의 글리터 - **리오나 골드 임페리어**
B 모노톤 스킨 컬러 - **에씨 스윗타트**
C 진한 초콜릿 컬러 - **반디 베얼리브라운**
D 화려한 펄감의 골드 글리터 아트펜 - **금찌 골드 아트펜**
E 세필 붓 - **바바라 706 숏 라이너**
F 스와로브스키 스톤
G 스펀지

따라 해보세요

1 스펀지에 핑크 글리터 컬러를 발라 톡톡 두드리고 손톱 끝쪽은 한 번 더 두드립니다.

2 사선으로 꽃잎을 한 장 그린 뒤, 아래쪽으로 한 장, 위쪽으로 한 장을 그려 줍니다.

3 손톱마다 꽃잎의 방향을 달리해서 그려 줍니다. 중지와 약지의 꽃잎이 마주보게 하는 것이 포인트!

4 세필 붓에 짙은 브라운 컬러를 묻혀 꽃잎의 라인을 따라 가늘게 그립니다.

5 꽃잎 안쪽에 줄기 모양을 두 세 개씩 그린 뒤, 골드 라이너로 줄기 모양을 한 번씩 터치해 줍니다.

6 꽃의 중앙 부분에 스톤을 올리고 탑코트를 발라 완성합니다.

유진샘의 깨알팁

● **네일 폴리쉬를 빨리 말리는 방법**

빨리 마르는 퀵 드라이 탑코트를 사용하는 것이 가장 빠른 방법입니다. 추가적으로 퀵 드라이 스프레이를 뿌려도 좋고, 탁상 위에 놓고 사용하는 미니 선풍기를 이용해도 효과적입니다. 네일 컬러를 바른 뒤에 차가운 물에 손을 담그거나 헤어드라이어의 차가운 바람으로 말리는 것도 비상시 활용할 수 있는 방법입니다.

사랑의 신호
XOXO

난이도

XOXO는 '당신에게 포옹과 키스'를 의미해요. 문자나 편지에서 애정과 우정을 표현하는 끝인사로 사용되는 말이에요. 손톱 위에 XOXO를 담아 사랑을 전해 보는 건 어떨까요?

준비해 주세요

A 진한 핑크 - 엘비다 서피니아부케
B 여리여리한 딸기우유 컬러 - 엘비다 샤이핑크
C 화려한 펄감의 골드 글리터 - 엘비다 골든레이디
D 캐러멜 컬러 - 반디 오트밀브라운
E 세필 붓 - 바바라 706 숏 라이너
  골드 아트펜

114

따라 해보세요

1 오트밀브라운 컬러를 전체에 바릅니다.

2 세필 붓에 핑크 컬러를 묻혀 엄지와 중지, 약지에 하트를 그려 줍니다.

※ 중지와 약지에 하트를 절반씩 그려 주어도 좋아요.

3 진한 핑크 컬러로 하트 안에 XOXO를 씁니다.

4 골드 아트펜으로 하트 테두리를 그어 줍니다.

5 같은 방식으로 엄지도 꾸며 줍니다.

6 검지와 소지의 끝부분에 골드 글리터를 살짝 바르고 탑코트를 발라 마무리합니다.

가을 향기

손끝에 단풍이 곱게 물든 가을의 향기가 물씬 나는 네일아트입니다. 불규칙한 그라데이션이 몽환적인 느낌을 준답니다.

준비해 주세요

A 젤리 질감의 반투명한 옐로 – 글로리 히어리
B 은은한 펄감의 톤다운 핑크 – OPI NL S45
C 화려한 펄감의 골드 글리터 아트펜 – 금찌 골드 아트펜
D 세필 붓 – 바바라 706 숏 라이너
E 투명한 다이아 글리터 – 야 AB 다이아 글리터
F 스와로브스키 스톤
　스펀지

따라 해보세요

1
스펀지에 핑크 컬러를 세 군데 정도 찍은 후 밝은 옐로 컬러로 빈 곳을 채우듯이 찍습니다.

2
스펀지를 손톱에 두 번 정도 두드려 그라데이션을 만듭니다.

※ **짧은 손톱의 경우 전체적으로 그라데이션을 만듭니다.**

3
그라데이션 위에 투명 글리터 컬러를 덧바릅니다.

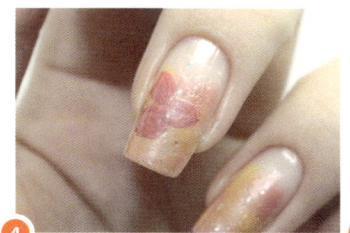

4
세필 붓을 이용해 그라데이션에 이용했던 핑크 컬러로 꽃잎을 세 장 그려 줍니다. 꽃잎은 세 장, 다섯 장씩 홀수로 그리는 게 더욱 예쁩답니다.

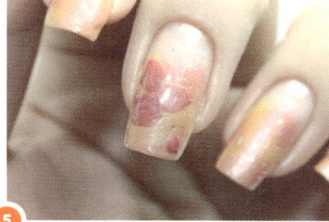

5
아래쪽으로 떨어지는 작은 꽃잎 한 장을 그려 줍니다.

6
약지와 중지는 반대되게, 그리고 검지와 소지에는 떨어지는 꽃잎만 그려 줍니다.

7
골드 아트펜으로 꽃잎 테두리를 그립니다.

8
꽃 중간에 스톤을 하나씩 올립니다.

9
프렌치 라인 부분에 화이트 다이아 글리터를 조금씩 올리고 탑코트를 발라 마무리합니다.

달콤한 체크 하트

가을에 딱 어울리는 체크 디자인입니다. 하트까지 넣어 더욱 달콤한 분위기! 달콤한 초콜릿 컬러 속에 숨겨진 체크 하트가 멋진 포인트가 됩니다.

준비해 주세요

A 페인트 질감의 진한 옐로 – **페리페라 망고캔디**
B 오렌지에 가까운 코랄 컬러 – **잇츠스킨 어반코랄**
C 젤리 질감의 반투명 화이트 – **에씨 마시멜로우**
D 진한 초콜릿 컬러 – **반디 베얼리브라운**
E 화려한 펄감의 골드 글리터 아트펜 – **금찌 골드 아트펜**
F 스와로브스키 스톤, 사각 스톤
G 세필 붓 – **바바라 706 숏 라이너**

따라 해보세요

1 망고캔디 컬러로 프렌치 해줍니다. 하트를 그릴 약지는 딥 프렌치 해주세요.

2 세필 붓으로 오렌지 컬러를 두 줄씩 긋고, 약지는 세 줄 그어 주세요.

3 우윳빛 폴리쉬는 세로로 각 손톱에 두 줄씩 그어 주세요.

4 약지에는 세필 붓으로 초콜릿 컬러를 이용해 하트를 그린 뒤 하트 바깥을 초콜릿 컬러로 채워 줍니다.

5 하트 주위와 프렌치 라인을 골드 아트펜으로 그어 줍니다.

6 사각 스톤을 라인 끝에 하나씩 올리고 탑코트를 발라 완성합니다.

● **네일 폴리쉬가 층이 분리되었다면**

네일 폴리쉬를 오래 세워둘 경우 층 분리가 일어나는 경우를 볼 수 있습니다. 이 경우 폴리쉬를 위아래로 흔들면 네일에 발랐을 때 기포가 생길 수 있습니다. 이때는 폴리쉬를 양손 바닥으로 천천히 돌려주는 것이 좋습니다. 요즘은 병 안에 층 분리 방지 구슬이 포함되어 나오는 제품도 많습니다. 구슬이 들어 있지 않은 제품이라면 스테인리스 구슬을 따로 구입해서 넣어 주면 됩니다. 구슬이 들어 있으면 층 분리가 일어났을 때 손바닥으로 몇 번 돌려주면 금방 복원이 됩니다.

알록달록 단풍

난이도

노을을 연상시키는 그라데이션을 바탕으로 그 위에 단풍을 그려 넣어 가을 분위기를 낸 네일아트입니다. 한 잎씩 떨어지는 낙엽을 그려 넣어 볼수록 멋스럽답니다.

준비해 주세요

A 반투명한 베이스에 투명한 글리터 – **페리페라 오로라 화이트**
B 젤리 질감의 오렌지 컬러 – **야 블러쉬 스칼렛**
C 젤리 질감의 옐로 – **야 핫옐로**
D 젤리 질감의 그린 – **야 그린티**
E 젤리 질감의 진한 버건디 – **루나솔 미디엄레드**
F 세필 붓 – **바바라 706 숏 라이너**
G 스펀지
H 투명한 원형 글리터 – **야 AB 원형 글리터 1.5**

따라 해보세요

1 스펀지에 오로라화이트, 옐로, 오렌지, 그린 티 컬러를 차례대로 살짝 겹쳐서 발라 줍니다.

2 ①의 스펀지를 손톱에 두 번 두드려 그라데이션한 뒤 펄 탑코트를 바릅니다.

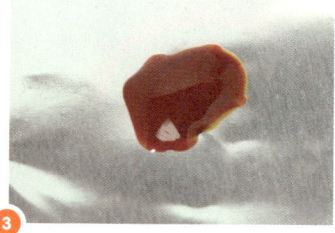

3 짙은 레드 컬러와 옐로 컬러를 1:3 비율로 섞어 단풍 컬러를 만듭니다.

4 만들어진 컬러로 중지와 약지에 단풍을 그려 줍니다. 중심이 될 잎을 먼저 한 장 그립니다.

5 양쪽으로 두 장씩 그려 준 뒤 짙은 레드컬러로 단풍 줄기를 표현해 줍니다.

6 나머지 손톱에는 떨어지는 낙엽을 그려 넣습니다.

7 투명한 원형 글리터를 몇 개 올려 반짝이는 효과를 냅니다.

8 탑코트를 발라 완성합니다.

For

Winter

PART 4

블링블링한
겨울의 네일

시크한
원 포인트

컬러링만 할 줄 알아도 가능한 초보자용 원 포인트 네일아트! 별 모양 글리터를 활용해 포인트만 줘도 블링블링 색다른 연출이 가능합니다.

준비해 주세요

A 톤다운 민트 컬러 – **보브 클라우디 민트**
B 화려한 펄감의 실버 글리터 아트펜 – **금찌 실버 아트펜**
C 실버 별 글리터

따라 해보세요

① 각 손톱에 민트 컬러를 두 번 발라 줍니다.

② 검지에 실버 글리터를 바릅니다.

③ 검지 위에 별 글리터를 가운데 네 개, 양옆은 세 개씩 교차되게 올립니다.

④ 포인트를 준 손톱 위에는 탑젤을 올리거나 탑코트를 세 번 정도 발라, 별 글리터를 완전히 덮도록 합니다.

유진샘의 깨알팁

같은 방식으로 레드 컬러와 골드 글리터를 이용해 연출할 수 있습니다.

※ 실버 컬러 위에는 실버 별로, 골드 컬러 위에는 골드 별로 색을 맞춰 연출합니다.

버건디 컬러!

초간단
블링블링

난이도

다이아 글리터와 워터데칼을 이용해 쉽고 간단하지만 화려하고 고급스러운 느낌의 네일아트입니다. 글리터 컬러를 선택해 원하는
분위기를 연출해 보세요.

준비해 주세요

A 은은한 펄감의 블랙 컬러 – Lofes 블랙펄
B 반투명 블루 글리터 – 야 블루 다이아 글리터
C 반투명 그린 글리터 – 야 그린 다이아 글리터
D 워터데칼 – 산 체인 워터데칼

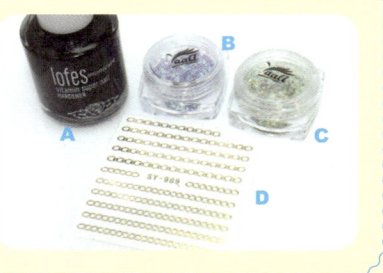

따라 해보세요

1 블랙펄 컬러로 손톱 중간 지점부터 프렌치 해 줍니다. 경계가 깔끔하지 않아도 되니 폴리쉬 붓으로 바릅니다.

2 체인 워터데칼을 프렌치 라인에 하나씩 붙여 줍니다.

3 네일 끝부분에 탑코트를 바르고 다이아 글리 터 케이스에 넣었다 빼세요.

4 탑코트 바른 부분에만 글리터가 붙었습니다. 손끝으로 살살 눌러 글리터 표면을 매끈하게 정리해 줍니다.

※ 단 이 과정은 베이스 컬러가 다 마른 뒤에 진행해야 합니다.

5 나머지 손톱도 같은 방식으로 진행한 뒤 탑코 트를 발라 줍니다.

유진상의 뷰티팁

● **워터데칼을 깔끔하게 붙이려면**

워터데칼은 네일 폴리쉬가 충분히 마른 뒤 올려주세요. 덜 마른 상태에서 워터데칼을 올리면 쭈글쭈글해진답니다. 워터데칼은 매우 부드럽고 얇거든요. 하지만 폴리쉬가 완전히 마른 상태에서는 천천히 움직이며 자리를 잡을 수 있으니 너무 걱정하지는 마세요~

달콤
화이트 트리

난이도

달콤한 초콜릿 컬러 위에 화이트 글리터로 눈이 내리는 효과를 내고, 삼각형만 그릴 줄 알면 완성할 수 있는 트리 모양의 네일아트 입니다. 간단하고 쉽게 겨울 분위기를 낼 수 있습니다.

준비해 주세요

A 진한 초콜릿 컬러 - 반디 베얼리브라운
B 젤리 질감의 그린 - 엘비다 그래스그린
C 크리스마스 분위기의 글리터 - 이니스프리 12월 눈 내리는 마을
D 은은한 펄감의 골드 글리터 - 라라 멀키 07
　　세필 붓, 골드별 스터드

따라 해보세요

1 초콜릿 컬러를 검지, 중지, 소지에 전체적으로 바릅니다.

2 화이트 글리터 컬러를 덧발라 눈이 내리는 효과를 줍니다. 약지와 엄지에도 발라 줍니다.

3 약지에 초록색 컬러로 삼각형 모양을 그려 줍니다.

4 ❸에 골드 컬러로 X자를 세 번 그려 줍니다. 손톱 길이가 짧으면 두 번만 그립니다.

5 트리 윗부분에 골드 별 스터드를 올립니다.

6 엄지에는 진한 그린 컬러로 삼각형을 그리고 지그재그로 이어지는 선을 그려 또 다른 모양의 트리를 만들어 줍니다.

7 탑코트를 발라 마무리합니다.

골드 드레스

블링블링 금빛 원 숄더 드레스를 입은 듯한 네일아트에요. 여러 가지 스타일의 스톤을 이용해 화려하게 꾸며 연말파티에도 잘 어울린답니다.

준비해 주세요

A 은은한 펄감의 골드 컬러 - 야 쉬폰골드
B 화려한 펄감의 골드 글리터 - 안나수이 005
C 각종 스톤 - 컬러 스톤, 스와로브스키 스톤, 메탈 비즈

따라 해보세요

1 골드 쉬머펄 컬러로 프렌치합니다.

2 프렌치 윗부분을 사선으로 그어 줍니다. 폴리 쉬 붓으로 그어 주면 됩니다.

3 골드 컬러 위에 원형 글리터 컬러를 한 번씩 덧발라 줍니다.

4 약지에 스와로브스키, 골드, 메탈 비즈 순서로 스톤을 올리세요. 탑코트를 발라 마무리합니다. 약지에는 탑코트를 꼼꼼히 덧발라 스톤을 고정시킵니다.

유지샤의 까앙팁

○ **왼손으로 오른손 네일 컬러를 바를 때**

왼손으로 오른손 손톱에 네일아트를 하는 것은 쉽지 않은 일입니다. 하지만 연습을 많이 하면 충분히 예쁘게 잘 바를 수 있답니다. 연습만이 살 길! 그 전에 성미 급한 분들께 한 가지 팁을 드리자면, 왼손으로 가만히 붓을 잡고 오른손을 움직여서 바르는 방법이 있어요. 왼손은 가만히 있고 움직이기 편한 오른손을 움직여 바르면, 왼손으로 부들부들 떨며 바를 때보단 조금 더 잘 바를 수 있답니다.

창밖을 보라

"창밖을 보라~ 창밖을 보라~ 흰눈이 내린다~ ♫" 이 캐롤을 생각하면서 디자인한 네일아트입니다. 함박눈이 펑펑 내리는 날 도전해 보면 더욱 재미있는 디자인이 될 것 같습니다.

준비해 주세요

A 은은한 펄감의 골드 글리터 – 라라 멀키 07
B 젤리 질감의 진한 레드 – 에스티로더 퓨어레드
C 화려한 펄감의 골드 글리터 – 엘비다 골든레이디
D 페인트 질감의 화이트 – 야 화이트
E 세필 붓 – 바바라 706 숏 라이너
　도트스틱

따라 해보세요

1 검지를 제외하고 나머지 손톱에 퓨어레드 컬러로 전체를 바릅니다.

2 도트스틱으로 화이트 도트를 찍어 눈이 내리는 듯한 느낌을 만듭니다. 크고 작은 도트를 무작위로 찍으면 더 느낌이 살아납니다.

3 검지엔 골드 컬러를 전체적으로 바릅니다.

4 검지에 굵직한 골드 글리터 컬러를 한 번 덧발라서 블링블링하게 포인트를 줍니다.

5 중지에 창문을 그릴 차례입니다. 세로로 굵게 한 줄 그려 줍니다.

6 이번에는 가로로 한 줄 그려 줍니다.

7 손톱 가장자리를 둘러 주면 창문 완성입니다!

8 엄지, 중지, 약지에 모두 창문을 그려 줍니다.

9 소지는 끝부분에만 살짝 글리터를 발라 그라데이션을 줍니다.

10 탑코트를 바르면 '창밖을 보라' 네일아트 완성입니다!

골드 글리터가 돋보이는
하프 프렌치

프렌치 네일은 섬세하면서도 화사한 느낌을 연출하는 데 효과적입니다. 하프 프렌치에 골드 글리터로 포인트를 주면 새로운 디자인이 탄생합니다.

준비해 주세요

A 은은한 펄감의 스킨 컬러 - 잇츠스킨 PK106
B 샌드 텍스처 블랙 - 잇츠스킨 블랙드레스샌드
C 반투명 블랙 베이스에 골드 국수 글리터 - 잇츠스킨 블랙드레스 피더
D 화려한 펄감의 실버 글리터 - 라라리즈 8817
E 스와로브스키 스톤

따라 해보세요

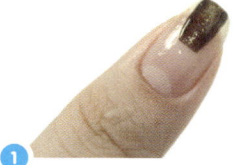

1 손톱 중간 지점부터 블랙 컬러를 일자로 발라 줍니다.

2 ❶의 오른쪽 부분도 발라 주세요.

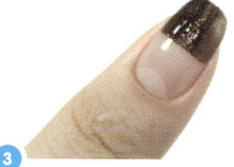

3 왼쪽도 발라 주면 하프 프렌치가 완성됩니다.

4 한 번 더 덧발라 컬러를 선명하게 만듭니다.

5 검지를 제외한 손톱에 하프 프렌치 해줍니다.

6 독특한 골드 글리터 컬러를 덧발라 주세요.

7 검지는 스킨톤의 쉬머 펄 컬러로 하프 프렌치 해주세요.

8 프렌치 라인에 펄 컬러를 덧발라 프렌치 경계를 화려하게 만들었 습니다.

9 펄 컬러를 바른 부분에 스톤을 두 개씩 올려 주세요.

10 탑코트를 바르면 완성입니다.

귀욤귀욤
하트체리

난이도

세필 붓 테크닉 중에서는 비교적 쉽게 도전해 볼 수 있는 네일아트입니다. 붓으로 그림을 그리는 게 어려울 거라 지레 겁먹지 말고
일단 도전해 보세요. 그리다가 하트가 좀 커져도 괜찮아요.

140

따라 해보세요

1 중지와 약지에 초콜릿 컬러로 프렌치 네일을 해줍니다. 프렌치 가이드너를 붙이고 바르면 편리합니다.

2 엄지와 검지, 소지에는 레드로 프렌치 네일을 해줍니다.

3 초코 컬러 프렌치 위에 체리를 그립니다. 세필 붓을 이용하여 작은 하트 모양을 하나 그려 줍니다.

4 그 옆에도 하트 모양으로 체리를 하나 더 그립니다. 프렌치 라인에 살짝 걸치게 그리면 예쁘답니다.

5 약지에도 하트 모양 체리를 그립니다. 여기에는 하나만 그릴 계획이라 중지에 그린 체리보다 좀 더 크게 그렸습니다. 엄지에는 작은 체리를 두 개 그리는 것이 좋습니다.

6 그린으로 체리 꼭지를 길게 그려 줍니다. 두 개의 체리 줄기가 살짝 교차되게 그리면 귀여운 그림이 완성됩니다.

7 약지의 체리 줄기는 가늘고 길게 그립니다. 이 때 줄기 방향은 중지 쪽을 향하게 하는 게 자연스럽습니다.

8 검지에는 원형 글리터를 올려 도트 무늬를 만들어 줍니다. 글리터 개수는 손톱 크기에 따라 조절하면 됩니다.

9 소지의 레드 프렌치 위에도 원형 글리터를 올려 도트 무늬를 만들어 줍니다. 탑코트를 바르면 하트체리 네일아트 완성입니다.

글리터
하트

난이도

세필 붓 사용이 어려운 초보자도 쉽게 할 수 있는 사랑스러운 네일아트입니다. 글리터로 만든 하트로 포인트를 주고 프렌치 라인에 스티커를 붙여 정리하면 완성입니다.

준비해 주세요

A 페인트 질감의 블랙 - 야 블랙

B 하트&도트를 만드는 원형 글리터 -
야 블라인딩플래쉬 글리터 화이트/핑크/옐로우 1.5

C 핑크 레이스 스티커 - 디즈니 네일스티커 DN-P4
프렌치 가이드너

따라 해보세요

1 딥 프렌치 위치에 테이프 또는 프렌치 가이드너를 붙여 줍니다.

2 블랙 컬러를 한 번 바른 후 가이드너를 떼어냅니다. 폴리쉬가 마르기 전에 천천히 테이프를 떼어내야 깔끔하게 떨어진답니다.

3 약지 가운데 부분에 탑코트를 바릅니다.

4 원형 글리터를 하나씩 올려 빈 공간을 채워 하트를 만들어 줍니다.

5 약지를 제외한 손톱 위에 원형 글리터로 도트 포인트를 줍니다. 중앙에 하나를 올려 중심을 잡은 후 간격을 맞춰 올립니다.

6 프렌치 라인에 레이스 스티커를 잘라 붙이고 탑코트를 발라 완성합니다.

유지상의 깨알팁

◉ 도트스틱이 없다면

눈처럼 작은 점을 찍을 때 도트스틱이 없다면 작은 도트는 이쑤시개로, 큰 도트는 면봉의 솜 부위를 제거한 끝부분으로 찍어 주면 됩니다.

글리터
눈꽃

난이도

까만 밤하늘에 반짝반짝 눈꽃이 내리는 모습을 표현한 네일아트예요. 다이아 글리터를 이용해 세필 붓 없이 간단하게 눈꽃을 만들 수 있으니까 초보자도 쉽게 할 수 있어요.

준비해 주세요

A 페인트 질감의 블랙 – **야 블랙**
B 페인트 질감의 화이트 – **야 화이트**
C 네모, 원형 등 여러 가지 투명 글리터 – **모디 캔디크러쉬**
D 퍼플 마름모 글리터 – **야 후시아 마름모 글리터**
E 골드 마름모 글리터 – **야 골드 마름모 글리터**
F 투명 원형 글리터 – **야 블라인딩 플래쉬 AB 2.0**
　　스펀지

따라 해보세요

1 블랙 컬러로 딥 프렌치 합니다.

2 중지 아래쪽에 다이아 글리터 다섯 장으로 눈꽃을 만듭니다. 간격을 잘 맞춰서 붙이세요.

3 다이아 글리터 세 장을 이용해 대각선 방향에 반쪽 눈꽃을 만들어 줍니다.

4 AB 원형 글리터 두 개를 얹어 줍니다.

5 스펀지에 화이트 컬러를 묻혀 프렌치 라인에 두드려 줍니다. 세 번 정도 두드려 프렌치 경계가 보이지 않도록 해줍니다.

6 화이트 컬러 부분에 모디네일 캔디크러시를 덧발라 반짝임 효과를 주고 탑코트를 세 번 발라 마무리합니다.

유진샘의 깨알팁

○ **베이스코트도 지워야 하나요?**

네일 컬러를 바르기 전에는 꼭 베이스코트를 발라야 합니다. 베이스코트는 네일 컬러가 손톱에 착색되는 것을 막고 손톱의 손상을 막아 줍니다. 여기서 잊지 말아야 할 사실은 에나멜 성분의 베이스코트는 바른 지 5일 정도면 사라진다는 사실입니다. 때문에 네일 컬러를 바르고 4~5일 지나면 네일 리무버로 지워야 손톱이 변색되거나 건조해지는 것을 막을 수 있답니다.

지브라
크리스마스 파티

난이도

레드 컬러와 그린 컬러로 지브라 무늬를 만들어 봤어요. 글리터를 덮어 반짝임을 주면 크리스마스 파티에 딱 어울리는 네일아트입니다.

준비해 주세요

A 페인트 질감의 화이트 – **모디 화이트**
B 은은한 펄감의 화이트+골드 글리터 – **OPI Ski Slope Sweetie**
C 은은한 펄감의 골드 글리터 – **라라 크리스탈 멀키 07**
D 레드&골드 글리터 펄감의 레드 – **이니스프리 산타클로스의 마법**
E 크리스마스 분위기의 글리터 – **이니스프리 12월 눈 내리는 마을**
F 페인트 질감의 진한 그린 – **페리페라 아미그린**
　　세필 붓, 스펀지, 캔디 스톤

따라 해보세요

1 연한 펄 컬러와 화이트 컬러를 스펀지에 순서 대로 발라 줍니다.

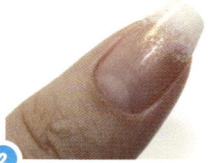

2 엄지, 검지, 소지 끝부분에 톡톡 두드려 화이 트 그라데이션을 만듭니다.

※ 손톱에 찍기 전에 종이나 알루미늄 포일에 몇 번 두드려 양을 조절하면 예쁜 그라데이 션을 만들 수 있어요.

3 글리터 컬러를 덮어 반짝임을 줍니다.

4 중지와 약지에 그라데이션 끝부분에 사용했 던 연한 펄 컬러를 단독 그라데이션 해줍니다.

5 세필 붓으로 레드와 그린 컬러를 이용해 지브 라 무늬를 그려 줍니다.

6 양옆은 두껍게, 가운데로 올수록 가늘게, 끝은 뾰족하게 그려 좌우로 교차시킵니다. 손톱 길 이가 짧다면 레드와 그린을 두 번만 그려도 됩 니다.

7 중지와 약지에 캔디 스톤을 올리고 탑코트를 발라 마무리합니다.

섹시 번개
드레스

난이도

배우 김혜수의 시상식 드레스를 모티브로 만든 우아하면서 섹시한 네일아트랍니다. 블랙 컬러를 바탕으로 하고 번개를 그려 넣은 후 실버 아트펜으로 테두리에 포인트를 주면 완성!

준비해 주세요

A 페인트 질감의 블랙 – **터치피아 블랙**
B 화려한 펄감의 실버 글리터 – **에씨 Hors d'Oeuvres**
C 화려한 펄감의 실버 글리터 아트펜 – **금찌 실버 아트펜**
D 세필 붓 – **바바라 706 숏 라이너**

따라 해보세요

1 세필 붓에 블랙 컬러를 묻혀 중지에 번개 모양을 그립니다.

2 번개 바깥을 블랙 컬러로 채워 줍니다.

3 약지는 번개의 일부만 그린 후 바깥을 채워 줍니다.

4 실버 아트펜으로 번개 테두리를 그려 줍니다.

5 엄지, 검지, 소지에는 실버 글리터 컬러를 전체적으로 펴 바르고, 약지 나머지 부분도 채워 줍니다.

6 블랙 컬러가 충분히 마르면 탑코트를 발라 완성합니다.

별이
빛나는 밤

반 고흐의 '별이 빛나는 밤'이란 작품을 네일아트로 옮겨봤습니다. 세필 붓으로 컬러를 살짝살짝 터치하듯 찍으면 그림의 느낌을 그대로 살릴 수 있답니다.

준비해 주세요

A 페인트 질감의 블랙 – 터치피아 블랙
B 페인트 질감의 화이트 – 야 화이트
C 은은한 펄감의 딥 네이비 – 에뛰드하우스 HD빔블루
D 젤리 질감의 톤다운 블루 – 에뛰드하우스 Blow Blue
E 페인트 질감의 옐로 – 라라 레인보우 03
F 세필 붓 – 바바라 706 숏 라이너

따라 해보세요

1 전체 손톱에 짙은 펄 네이비 컬러를 바릅니다.

2 세필 붓을 이용하여 화이트 컬러로 작은 점을 찍어 가며 그림을 그려 줍니다.

3 중지에 물결 무늬를 위아래로 그려 소용돌이 치는 모습을 그려 줍니다.

4 옐로 컬러와 옅은 블루 컬러를 군데군데 터치 해 디테일을 살려 줍니다.

5 옐로 컬러로 윗부분을 둥글게 터치합니다.

6 가운데 부분은 좀 더 진하게 터치해 줍니다.

7 옐로 컬러 중심에 화이트 컬러로 초승달을 그 려 줍니다.

8 그 위에 옐로 컬러를 덧칠합니다. 화이트 컬러 를 깔아 줘야 쨍한 느낌의 초승달 표현이 가능 합니다.

9 검지엔 화이트 컬러로 가운데 물결 무늬를 그 린 후 위아래로 원을 그립니다.

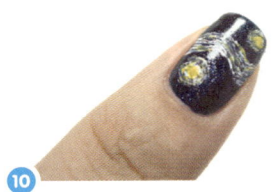

10 원 중심에 옐로 컬러를 터치합니다. 가장자리 부분은 블루 컬러로 터치해 자연스럽게 만들어 줍니다.

11 약지에 화이트 컬러를 사선으로 터치하고, 그 아랫 부분에 펄이 없는 네이비 컬러를 발라 줍니다.

12 옐로와 블루 컬러를 덧발라 줍니다.

13 약지에 블랙 컬러로 사이프러스 나무를 그린 다음 옆에 별 하나를 그려 줍니다.

14 소지도 같은 방법으로 사선 터치와 별 하나를 그립니다.

15 탑코트를 발라 완성합니다.

유진샘의 페인팅

● 네일 컬러에 기포가 생기는 이유

기포가 발생하는 이유는 양 조절 실패와 짧은 건조 시간 때문입니다. 네일 컬러를 바를 때는 최대한 얇게 발라야 합니다. 선명한 네일 컬러를 얻기 위해서는 기본적으로 두 번을 바르는데, 한 번 바른 후 컬러가 제대로 마르지 않은 상태에서 다시 바르면 기포가 생긴답니다. 베이스코트를 바를 때부터 단계별로 완전히 말리고 다음 단계로 넘어가야 합니다. 특히 탑코트를 너무 많이 바르면 기포가 생기기 쉽습니다.

For
Special

PART 5

특별한 날에 어울리는
온리원 네일

미니 장미웨딩

난이도

글리터와 스톤으로 간단하지만 고급스럽고 화려한 웨딩 네일아트입니다. 미니 장미를 올려 순백의 신부를 표현해 보았습니다.

준비해 주세요

A 투명한 펄감의 글리터 - 다이아미 X-mas Aurora
B 스와로브스키 스톤
  미니 장미

따라 해보세요

① 각 손톱에 펄 컬러로 사선 프렌치를 해줍니다. 중지와 약지는 네일 안쪽에 직각으로 사선 프렌치를 합니다.

② 크기가 다른 세 종류의 스톤을 올립니다.

③ 엄지에 미니 장미를 올립니다.

④ 약지에도 미니 장미를 올려 포인트를 주고 탑 코트를 발라 완성합니다.

청순 시스루 웨딩

스킨 컬러와 레이스 스티커로 청순한 시스루 느낌을 살린 웨딩 네일아트입니다. 실버 글리터로 고급스러운 분위기를 연출해 보았습니다.

준비해 주세요

A 은은한 펄감의 반투명 스킨 컬러 - **위드샨 상견례 하는 날**
B 은은한 펄감을 만들어주는 이펙트 - **CND 이펙트 #556**
C 화려한 펄감의 실버 글리터 아트펜 - **세븐데이즈 실버 아트펜**
D 스와로브스키 스톤
E 화이트 원형 글리터 - **야 화이트 원형 글리터**
F 레이스 스티커 - **에뛰드하우스 화이트 레이스**
　　플라워 파츠

158

따라 해보세요

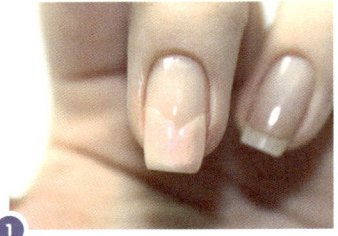

1 중지에 누드베이지 컬러로 커튼 프렌치 하고 쉬머펄 컬러를 덧바릅니다.

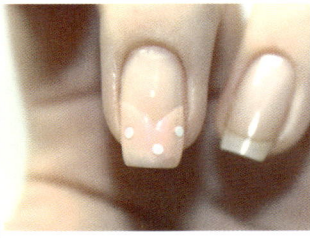

2 원형 글리터를 가운데 하나, 양쪽에 두 개 올립니다.

3 레이스 스티커를 잘라 반씩 사선으로 붙여 줍니다.

4 프렌치 가장자리 부분에 실버 글리터를 그어 줍니다. 약지를 제외한 다른 손톱에도 같은 방법으로 진행합니다.

5 약지는 전체적으로 누드베이지 컬러를 바른 후 원형 글리터를 올리고 테두리에 실버 글리터로 그립니다.

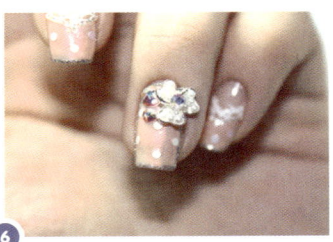

6 파츠와 스톤으로 포인트를 줍니다. 탑코트를 발라 마무리합니다.

◦ 옷에 네일 컬러가 묻었다면

합성섬유에 아세톤이나 네일 리무버가 닿으면 옷감의 색상이 변하거나 보풀이 일어나는 등 더 난감한 상황이 될 수 있답니다. 시너나 벤젠을 이용해 옷감에 묻은 네일 컬러를 지우는 방법이 있긴 하지만, 그 역시 완벽하게 제거하기는 어렵습니다. 한 번 옷에 묻은 네일 컬러는 지우기 힘들기 때문에 미리 주의를 기울일 수밖에 없습니다.

할로윈의 밤

난이도

---

trick or treat~! 10월의 마지막 날, 할로윈데이를 위한 네일아트입니다. 할로윈 밤에 어울리는 <u>으스스한 분위기를 내는 베이스</u>
그라데이션 비법을 배워 보겠습니다.

준비해 주세요

A 젤리 질감 옐로 – **더페이스샵 옐로우**
B 크림톤 오렌지 – **라라루스 오렌지**
C 메탈릭한 펄감의 진한 퍼플 – **야 메탈바이올렛**
D 페인트 질감의 블랙 – **야 블랙**
E 페인트 질감의 화이트 – **야 화이트**
F 페인트 질감의 연두색 – **디어페이스 포레스트그린**
G 화려한 펄감의 골드 글리터 아트펜 – **세븐데이즈 골드 아트펜**
H 삼각 스톤 / **I** 세필 붓 – **바바라 706 숏 라이너**

따라 해보세요

1 보라, 주황, 노랑, 블랙 컬러를 순서 상관없이 무작위로 스펀지에 찍어 줍니다.

2 손톱에 두 번씩 찍어 그라데이션을 주고, 펄 탑 코트를 덧바릅니다.

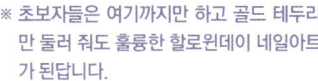

※ 초보자들은 여기까지만 하고 골드 테두리 만 둘러 줘도 훌륭한 할로윈데이 네일아트 가 된답니다.

3 중지에 오렌지 컬러를 사선으로 바르고, 세필 붓을 이용해 조금 더 진한 오렌지 컬러로 테두리를, 그린 컬러로 꼭지를 그린 뒤 삼각 스톤으로 눈과 코를 만들어 호박을 완성합니다.

※ 삼각 스톤이 없다면 세필 붓으로 그려 주면 됩니다.

4 검지에 박쥐를 그립니다. 블랙 컬러로 귀를 그리고 아래쪽을 뾰족하게 만든 다음 날개를 그리고, 도트스틱으로 눈을 찍고, 세필 붓으로 입을 그립니다.

5 소지에 화이트 컬러로 귀여운 유령을 그리고, 약지에는 원형 글리터를 열에 맞춰 나란히 올립니다.

6 골드 아트펜으로 검지, 중지, 소지의 테두리를 그리고 탑코트를 발라 완성합니다.

○ **손가락이 길어 보이는 네일 컬러**

스킨 톤과 비슷한 네일 컬러를 바르면 손가락이 길어 보이는 효과가 있습니다. 손가락은 길지만 손톱을 기르기 어렵다면 파스텔 컬러, 레드나 네이비처럼 포인트가 되는 네일 컬러를 바르면 가늘고 긴 손가락을 강조하는 효과가 있습니다.

할로윈
컵케이크

난이도

달달한 컵케이크 위에 할로윈 아이템들을 토핑한 할로윈데이 네일아트~! 귀여운 할로윈 아이템들과 버건디 컬러로 표현한 핏방울로 할로윈 파티의 주인공이 되어 보세요.

166

따라 해보세요

1 짙은 브라운 컬러를 기본 프렌치 라인보다 두 껍게 칠해 줍니다.

2 세필 붓을 이용해 연한 브라운 컬러로 세로 줄 을 그려 주고, 도트스틱으로 화이트 컬러를 크 림을 얹듯이 찍어 줍니다.

3 검지는 초록, 중지는 주황색, 소지는 진한 퍼 플 컬러로 크림의 윗부분을 덧칠합니다.

4 중지에 화이트 컬러로 유령을 그려 주고, 검지 에는 주황색 컬러로 호박을, 소지에는 눈알을 그려 줍니다.

5 엄지와 약지에는 세필 붓으로 버건디 컬러가 흘러내리는 모양을 그려 줍니다.

6 컵케이크 중간을 골드 아트펜으로 그어 주고, 컬러가 충분히 마른 뒤 탑코트를 발라 완성합 니다.

유진샘의 깨알팁

○ **큐티클 라인에서 살짝 떨어지게 컬러를 바르는 이유**

큐티클 라인에 닿게 컬러를 바르면 큐티클 라인부터 리프팅이 일어나 네일 컬러의 지속력이 떨어지게 됩니다. 베이스코트 또한 투명하다는 이유로 바짝 바르면 오히 려 지속력이 떨어지니 손톱의 0.1mm 정도 떨어진 부분부터 발라 주세요.

크리스마스
산타

난이도

루돌프처럼 빨간 코를 가진 산타를 그려 넣은 크리스마스 네일아트입니다. 차근차근 따라 하다 보면 그렇게 어렵지 않답니다. 천천히 따라 해보세요.

준비해 주세요

A 페인트 질감의 화이트 - **터치피아 화이트**
B 진한 레드 - **토드라팡 디스이즈푸미**
C 베이식 캐러멜 컬러 - **엘비다 밀크초코**
D 페인트 질감의 블랙 - **야 블랙**
E 세필 붓 - **바바라 706 숏 라이너**

따라 해보세요

1 중지, 약지에 세필 붓을 이용해 화이트 컬러로 산타의 수염 모양 형태를 그립니다. 직선을 긋고 옆을 둥글게 그려 주면 됩니다.

2 폴리쉬 붓으로 안쪽을 화이트 컬러로 채워 줍니다.

3 레드 컬러로 산타 모자를 그립니다. 모자 끝에는 화이트 컬러로 점을 찍어 방울을 달아 줍니다. 모자는 약간 기울어지게 해야 더 깜찍하답니다.

4 중지와 약지의 수염에 캐러멜 컬러로 타원을 그리고 세필 붓으로 눈과 입을 그립니다. 도트스틱을 이용해 레드 컬러로 코를 찍어 줍니다.

5 엄지와 검지, 소지에 레드 컬러로 산타 모자를 그립니다. 화이트 컬러로 방울도 달아 주세요.

6 탑코트를 발라 마무리합니다.

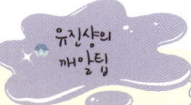
유진샘의 깨알팁

○ 네일 리무버는 되도록 멀리!
네일 리무버를 지나치게 사용하면 손톱이 약해집니다. 손톱을 건조하게 만들어 깨지고 갈라지기 쉬운 상태로 만들기 때문입니다. 손톱이 약해졌을 때는 리무버 사용을 최대한 삼가세요.

어린이날 풍선

난이도

손끝에 무지개 풍선이 둥실 떠 있는, 어린이날을 위한 특별한 네일아트입니다. 일자 프렌치 방식으로 컬러별로 그어 주면 간단하게 무지개 풍선을 완성할 수 있답니다.

준비해 주세요

A 페인트 질감의 그린 컬러 – 페리페라 레트로그린
B 페인트 질감의 진한 옐로 – 페리페라 망고캔디
C 베이식 레드 – 잇츠스킨 레드브릿지
D 오렌지에 가까운 코랄 – 잇츠스킨 어반코랄
E 페인트 질감의 블루 – 토드라팡 멜란지클라우드
F 베이식 퍼플 – 잇츠스킨 토피넛퍼플
G 페인트 질감의 화이트 – 터치피아 화이트
H 화려한 펄감의 골드 글리터 아트펜 – 금찌 골드 아트펜
I 세필 붓 – 바바라 706 숏 라이너

따라 해보세요

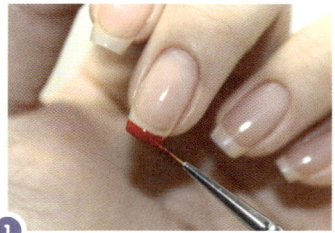

1 세필 붓으로 레드 컬러를 일자 프렌치를 하듯 그어 줍니다. 레드 컬러는 다른 컬러보다 약간 깊게 그어 줍니다.

2 같은 방법으로 주황, 옐로 컬러를 바릅니다.

3 그린, 블루, 퍼플 컬러는 조금씩 안쪽으로 둥글게 그려 무지개를 완성합니다.

4 골드 아트펜으로 풍선 모양을 잡아 한 바퀴 돌린 뒤, 실 부분은 흘리듯 그립니다.

5 화이트 아트펜으로 세로로 길게 선을 긋고 아래 점을 찍어, 빛에 반사된 선 모양을 연출합니다.

6 탑코트를 발라 완성합니다.

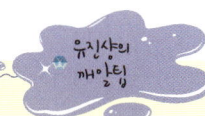

유진샘의 깨알팁

○ **골드 아트펜 활용하기**
선을 긋거나 기본 컬러를 바른 손톱 위를 꾸밀 때 유용하게 쓰이는 것이 골드 아트펜입니다. 아트펜은 보통 폴리쉬 붓보다 가늘어서 선을 그리거나 그림을 그릴 때 편리하답니다. 골드나 실버 등의 메탈릭 컬러 외에 블랙이나 레드도 나와 있으니 용도에 맞게 활용해 보세요.

설날
한복

설날 아침 곱게 차려입은 한복을 손끝에 옮겨 보았어요. 진분홍색 컬러와 마블링을 이용해 만든 꽃으로 한복 위에 수놓아진 자수를 표현했답니다.

준비해 주세요

A 페인트 질감의 진한 핑크 - 토니모리 슈가로즈
B 젤리 질감의 딸기우유 컬러 - 야 베베로즈
C 페인트 질감의 화이트 - 야 화이트
D 페인트 질감의 크림 톤 그린 - 페리페라 바닐라그린
E 페인트 질감의 진한 블루 - 라라루스 블루
　골드 아트펜, 캔디 스톤

따라 해보세요

1 핑크 컬러를 폴리쉬 붓으로 사선 프렌치 하고 진핑크 컬러를 세필 붓으로 조금 두껍게 라인을 그려 줍니다.

2 꽃핑크 컬러를 손톱 아래쪽에 두 방울 떨어뜨립니다.

3 그 위에 화이트 컬러를 묻힌 세필 붓을 휙휙 돌려 마블을 해줍니다. 약지에는 블루 컬러로 포인트를 줍니다.

4 양옆으로 이파리를 두 개씩 그리고, 조금 진한 컬러로 잎줄기를 넣어 줍니다.

5 골드 아트펜으로 라인을 그리고 꽃 안쪽에도 콕콕 찍어 줍니다.

6 캔디 스톤을 두 개씩 올리고 탑코트를 듬뿍 발라 마무리합니다.

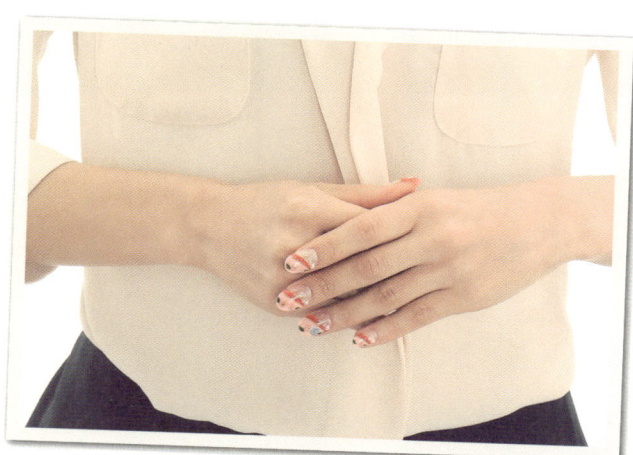

에버이날

카네이션

난이도

어버이날을 맞이해 감사의 마음을 담은 카네이션 네일아트입니다. 레드 글리터를 이용해 입체적인 카네이션을 연출했습니다. 어머니 손톱에 직접 해드리는 건 어떨까요?

준비해 주세요

A 페인트 질감의 화이트 – **터치피아 화이트**
B 베이식 그린 – **에뛰드하우스 에버그린**
C 레드 다이아 글리터 – **샨 장미꽃밭 글리터**
D 원형 글리터 – **야 블라인딩 플래쉬 글리터 화이트 1.5**
　　세필 붓

따라 해보세요

1 각 손톱에 화이트 컬러를 두 번 바릅니다.

2 약지의 적당한 위치에 탑코트를 바르고 탑코트를 묻힌 붓에 레드 글리터를 묻혀 올립니다. 탑코트를 도톰하게 올려 입체감을 줍니다.

3 세필 붓으로 짙은 녹색 컬러로 꽃 줄기와 잎을 그립니다.

4 같은 방법으로 중지에 레드 글리터를 두 곳에 올립니다.

5 녹색 컬러로 줄기를 그립니다.

6 검지와 소지에 네일 스티커를 붙이고 전체적으로 블라인딩 플래시 글리터를 올린 다음 탑코트를 발라 완성합니다.

빼빼로데이

빼빼로데이를 기념하는 로맨틱 네일아트! 남자친구가 여자친구를 안아 주는 모습을 표현해 봤어요. 짧은 손톱이라면 전체를 발라 보세요. 한층 더 귀여운 네일아트가 완성될 거예요.

준비해 주세요

A 은은한 펄감의 핑크 - 카렌 NS 1623
B 진한 초콜릿 컬러 - 반디 베얼리브라운
C 페인트 질감의 연한 베이지 - 반디 오리엔탈베이지
D 화려한 펄감의 골드 글리터 아트펜 - 세븐데이즈 골드 아트펜
E 골드메탈 비즈
F 원형 글리터 - 야 블라인딩 플래쉬 글리터 AB 1.5
G 골드 하트 글리터
　세필 붓

따라 해보세요

1 베이지 컬러로 딥 프렌치 해줍니다. 손톱이 짧으면 전체를 바릅니다.

2 세필 붓에 브라운 컬러를 묻혀 중지와 약지에 마주보는 눈과 입을 그려 줍니다.

3 중지에서 약지로 이어지는 곡선을 그리고, 약지에 손 모양을 그려서 안아 주는 모습을 연출합니다. 약지에 메탈 비즈로 리본을 달아 줍니다.

4 중지와 약지를 제외한 손톱에 핑크와 진브라운 컬러로 하트를 그립니다.

5 골드 글리터로 하트와 프렌치 테두리를 그어 줍니다.

6 중지에 하트를 그리고, 약지에는 하트 스팽글을 붙인 뒤 탑코트를 발라 완성합니다.

밸런타인데이

사랑하는 연인에게 달콤한 초콜릿을 선물하며 마음을 고백하는 밸런타인데이! 손톱이 초콜릿에 풍당 빠진 듯한 네일아트예요. 초코 데코 파츠를 올려 포인트를 줬답니다.

준비해 주세요

A 젤리 질감의 파스텔 톤 블루 - **에스티로더 딜레탕트**
B 젤리 질감의 파스텔 톤 핑크 - **에스티로더 나르시스트**
C 젤리 질감의 파스텔 톤 연두색 - **에스티로더 압생트**
D 진한 초콜릿 컬러 - **반디 베일리브라운**
E 화려한 펄감의 골드 글리터 아트펜 - **야 골드 아트펜**
F 세필 붓 - **바바라 706 숏 라이너**
G 초코 데코 파츠 - **엘리자베카 초코 아이스크림 데코 파츠**

따라 해보세요

1
각기 다른 파스텔 컬러로 각각의 손톱에 딥 프
렌치 합니다. 약지는 화이트 컬러를 바릅니다.

2
검지, 중지, 소지에 세필 붓을 이용해 진한 브
라운 컬러로 초콜릿이 흐르는 느낌을 표현해
줍니다.

3
약지에는 도트스틱으로 작은 파스텔 도트를
찍습니다.

4
초콜릿 부분에 파스텔 도트를 찍어 토핑을 표
현합니다.

5
골드 아트펜으로 프렌치 라인을 깔끔하게 그
어 줍니다.

6
탑코트를 바르고 초코 데코 파츠를 올려 완성
합니다.

유진샤의
까야팁

● **네일아트에 입체감 더하기**

스톤이나 데코 파츠 같은 장식 아이템을 활용하면 네일아트에 입체감을 줄 수 있답니
다. 이런 소품은 부족한 테크닉을 보완해 주는 기능도 하죠. 장식 아이템을 활용할 때
중요한 것은 네일컬러와의 조화입니다. 서로 잘 어울리는 컬러를 선택해 서로 겉돌지
않도록 주의하세요.

골드 카무플라주
젤 네일아트

카무플라주(camouflage) 포인트를 준 네일아트입니다. 카무플라주는 군복처럼 얼룩덜룩한 무늬나 거짓 꾸밈, 위장을 뜻하는데, 밀리터리 무늬 젤 네일아트라고 생각하면 됩니다. 카무플라주 포인트에 어울리는 워터데칼도 함께 해보겠습니다.

준비해 주세요

A 진한 블루 – 모디 젤 네일 로얄 인디고
B 크림 톤 민트 컬러 – 모디 젤 네일 스프링민트
C 파스텔 연보라 – 모디 젤 네일 라일락밀크
D 여리여리한 스킨 컬러 – 모디 젤 네일 젤리베어
E 잔잔한 펄감의 골드 글리터 – 모디 젤 네일 드림비치
　세필 붓 / 비행기 워터데칼

자료 준비할 때 ● 젤 컬러가 없으면 일반 네일 컬러를 사용해도
무방합니다.

따라 해보세요

1 약지에 카무플라주 포인트를 그려 줍니다. 세필 붓을 이용해서 스킨 컬러로 얼룩 무늬를 그려 주고 30초간 큐어링합니다. 정해진 형식은 없고 그냥 마음 가는 대로 그리면 됩니다.

2 민트 컬러로 조금씩 겹치게 얼룩 무늬를 그리고 30초간 큐어링을 해줍니다.

3 딥 블루 컬러로 좀 더 그려 주고 빈 공간은 연보라로 채운 뒤 30초간 큐어링을 해줍니다. 그냥 느낌 가는 대로 삐뚤빼뚤 그려 주는 것이기 때문에, 세필 붓이 익숙지 않아도 연습 삼아 여러 번 그려 볼 수 있습니다.

4 나머지 손톱은 블링블링하게 골드 펄 컬러를 바르고 역시 45초간 큐어링을 해줍니다.

5 카무플라주 패턴에 어울리는 스티커를 붙여 줍니다.

6 별 모양 스터드를 균형감 있게 올려 완성도를 높입니다.

7 탑젤을 발라 마지막으로 45초간 큐어링을 해주면 골드 카무플라주 젤 네일아트 완성!

유진샘의 깨알팁

⊙ 젤 네일아트의 큐어링

젤 네일아트를 할 때는 큐어링 과정을 거치게 됩니다. 젤을 손톱 위에 올려 모양을 만들고 손을 램프 아래 대고 빛을 받게 하면 젤이 점점 딱딱해지며 네일아트가 완성됩니다. 젤 네일을 할 때는 모든 과정과 과정 사이에 큐어링이 필요합니다.

홀리데이

난이도

휴일에 기분전환용으로 해볼 만한 네일아트입니다. 딥 프렌치와 도트로 심플하게 만든 꽃 무늬가 독특하면서도 여성스러워서 시선을 사로잡습니다.

준비해 주세요

A 화려한 펄감의 골드 글리터 아트펜 – 금찌 골드 아트펜
B 페인트 질감의 파스텔 블루 – 잇츠스킨 GR102
C 샌드 질감의 파스텔 핑크 – 잇츠스킨 비타슈가 핑크
D 샌드 질감의 파스텔 민트 컬러 – 잇츠스킨 비타슈가민트
E 샌드 질감의 파스텔 오렌지 컬러 – 잇츠스킨 비타슈가오렌지
F 샌드 질감의 파스텔 레몬 컬러 – 잇츠스킨 비타슈가레몬
G 캔디 스톤
　　도트스틱

따라 해보세요

1 약지를 제외하고 한 컬러씩 각 손톱에 딥 프렌치 해줍니다. 오톨도톨한 샌드 텍스처로 딥 프렌치를 해주니 색다른 느낌입니다.

2 약지에는 도트스틱으로 화이트 컬러 도트를 다섯 개 찍어 꽃 한 송이를 만듭니다.

3 대칭으로 꽃 네 송이를 만들어 줍니다.

4 빈 공간에 민트 컬러 꽃 네 송이를 같은 방법으로 채워 줍니다.

5 골드 아트펜으로 꽃 중앙 부분을 콕콕콕 찍어 주면 간단하면서도 독특한 포인트를 만들 수 있습니다.

6 프렌치 라인은 골드 아트펜으로 깔끔하게 그어 줍니다.

7 일반 스톤이 아닌 캔디 스톤을 올려 더 가볍게, 휴일에 어울리는 포인트를 줍니다.

8 탑코트를 바르면 유쾌한 느낌의 네일아트 완성입니다.

Brand & Character

PART 6

갖고 싶은 캐릭터 네일

샤넬

난이도

샤넬의 상징인 카멜리아를 골드 아트펜을 이용해 손끝에 옮겨 보았어요. 차분하면서도 고급스러운 느낌이 나는 네일아트랍니다.

188

따라 해보세요

1 각 손톱에 로즈새틴 컬러를 두 번 바릅니다.

2 블랙 컬러로 네일 끝부분을 둥글게 그립니다.

3 골드 컬러로 가운데 점을 찍고 점 주위에 원을 세 개씩 그리며 블랙 컬러 위를 가득 채워 줍니다.

4 꽃 가운데에 스톤을 올립니다.

5 약지에 메탈 비즈로 샤넬 로고를 만들어 붙이고 탑코트를 발라 완성합니다. 샤넬 로고는 이니셜 'C' 두 개를 이용해 만들 수 있습니다.

버건디
샤넬

겨울이면 특별히 사랑받는 버건디 컬러에 펄 컬러로 역그라데이션을 준 네일아트입니다. 샤넬 로고 워터데칼을 올려 더욱 멋스럽게 디자인해 보겠습니다.

준비해 주세요

A 진한 버건디 - **글로리 복분자**
B 화려한 펄감의 실버 글리터 - **라라리즈** 8101
샤넬 워터데칼

따라 해보세요

1 각 손톱에 버건디 컬러를 전체에 발라 주세요.

2 약지를 제외한 손톱에 펄 컬러(라라리즈 8101)를 큐티클 부분부터 중간 부분까지 한 번 바르고, 다시 ¼지점(끝부분)만 덧발라 주세요.

3 보석이 쏟아지는 듯한 자연스러운 역그라데이션을 만들 수 있어요.

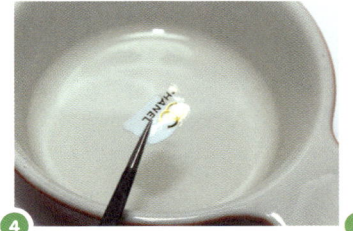

4 샤넬 워터데칼을 잘라 물에 15초 정도 띄운 뒤 손으로 살짝 밀면 데칼만 분리돼요.

5 약지에 포인트로 샤넬 워터데칼을 올립니다.

6 탑코트를 바르면 고급스런 버건디 네일아트가 완성됩니다.

마크제이콥스

난이도

비가 오는 궂은 날씨 탓에 기분이 꿀꿀할 때는 레드 컬러로 기분전환을 해보는 게 어떨까요? 마크제이콥스 향수병의 데이지를 모티브로 하여 만든 플라워로 쉽게 따라 할 수 있습니다.

준비해 주세요

A 은은한 펄감의 레드 – 글로리 색동
B 화려한 홀로그램 글리터 – 야 홀로그램
C 페인트 질감의 화이트 – 모디 화이트
D 홀로그램 실버 원형 글리터
E 골드 원형 스터드
　도트스틱 or 면봉

따라 해보세요

1 약지를 제외한 손톱에 깔끔하게 딥 프렌치 해 줍니다. 프렌치 라인이 깔끔하게 정리되도록 신경 써서 바릅니다.

2 약지에 홀로그램 컬러를 두 번 바릅니다.

3 약지를 제외한 다른 손톱에 도트를 십자 모양 으로 두 개씩 찍어 줍니다.

4 골드 원형 코쿤을 도트의 가운데 올려 데이지 꽃을 완성합니다.

5 같은 방식으로 꽃을 만들어 자유롭게 배치합 니다.

6 약지에 홀로그램 원형 글리터를 열에 맞춰 올 리고 탑코트를 발라 마무리합니다.

유진샘의 깨알팁

● **네일 리무버는 아세톤 프리 제품으로**
아세톤은 호흡기 질환을 유발하는 유해한 물질입니다. 또한 휘발성이 강 해서 손톱에 닿는 순간 수분을 안고 날아가기 때문에 손톱을 건조하게 만 드는 원인이 되기도 합니다. 아세톤으로부터 손톱을 보호하기 위해서는 반드시 아세톤이 들어 있지 않은 네일 리무버 제품을 선택하세요.

티파니앤코

티파니앤코의 대표 컬러인 밝은 민트 컬러로 꾸며 본 네일아트랍니다. 밝은 민트는 봄에 잘 어울리는 컬러예요. 워터데칼과 스톤을 올려 화려함을 더했습니다.

준비해 주세요

A 시원한 민트 컬러 – **부르조아 블루모델**
B 여리여리한 필감의 딸기우유 컬러 – **페리페라 퓨어핑크**
C 티파니앤코 워터데칼
D 스와로브스키 스톤

따라 해보세요

1 중지와 약지를 제외한 손톱에 민트 컬러와 핑크 컬러를 반씩 바른 스펀지를 두드려 그라데이션을 합니다.

2 중지에 민트 컬러를, 약지에 핑크 컬러를 두 번 바릅니다.

3 약지에 스와로브스키, 진주, 참 스톤을 크기 순서대로 올립니다.

4 원하는 워터데칼을 잘라 물에 10초 정도 띄운 뒤, 손으로 살짝 밀면 스티커만 분리됩니다.

5 중지에 워터데칼을 붙인 다음 탑코트를 발라 완성합니다.

유진샘의 까망팁

● **브랜드 디자인 따라 하기**
브랜드 모티브의 네일아트를 할 때는 컬러 선정이 가장 중요합니다. 유명 브랜드는 자기 브랜드만의 고유한 컬러를 갖고 있어서 그 컬러만 제대로 표현해도 느낌이 확 살아난답니다. 로고는 워터데칼이나 스티커, 데코파츠 같은 소품을 활용하면 됩니다.

루이비통

바둑판 격자 무늬를 다미에 패턴이라고 해요. 루이비통 워터데칼을 올려 루이비통 이미지를 완성한 네일아트입니다. 심플하면서도 고급스러운 스타일이에요. 깔끔하게 선을 그리는 것이 포인트랍니다.

준비해 주세요

A 페인트 질감의 화이트 – 야 화이트
B 진한 초콜릿 컬러 – 반디 베얼리브라운
C 연한 브라운 – 반디 베얼리카멜
D 루이비통 워터데칼
E 골드 원형 글리터 – 샨 골드 미러글리터

따라 해보세요

1 각 손톱에 화이트 컬러로 딥 프렌치합니다.

2 세필 붓을 이용해 브라운 컬러로 가로, 세로 선을 그어 줍니다.

3 대각선으로 마주보는 네모를 브라운 컬러로 채워 줍니다.

4 적당한 사이즈의 루이비통 워터데칼을 오른 쪽 하단에 붙입니다.

5 약지에 원형 글리터를 열에 맞춰 올려 포인트 를 줍니다.

6 프렌치 라인을 골드 글리터로 긋고 탑코트를 발라 마무리합니다.

아디다스

아디다스 로고와 그 유명한 '삼선'을 모티브로 네일아트 디자인을 해봤습니다. 스포티한 의상을 입을 때 해주면 귀엽고 사랑스러운 느낌이 날 것 같습니다.

준비해 주세요

A 페인트 질감의 크림 톤 옐로 – **페리페라 바닐라옐로우**
B 페인트 질감의 핑크 – **N.S.M 스피드 핫체리**
C 화려한 펄감의 골드 글리터 – **보브 골드 스톤펄(골드 아트펜 대용)**
D 세필 붓 – **바바라 706 숏 라이너**

202

따라 해보세요

1 중지에는 딥 프렌치를, 나머지 손톱에는 사선 프렌치를 합니다.

2 중지에 세필 붓으로 옐로 컬러를 이용해 아디 다스 로고를 그려 줍니다.

3 프렌치 방향에 맞게 옐로 컬러로 스트라이프 를 그려 줍니다. 최대한 깔끔하게 선을 그리는 것이 포인트!

4 중지에 핑크 컬러로 로고 아래쪽부터 아주 가 늘게 세 줄을 그려 줍니다.

5 골드 스톤 펄로 프렌치 라인을 정리하고 탑코 트를 발라 완성합니다.

유진샘의 깨알팁

⊙ 프렌치 베리에이션
기본 프렌치, 딥 프렌치, 사선 프렌치 등 다양한 프렌치 네일아트 를 함께 해주면 변화감 있으면서도 통일감 있는 디자인이 탄생한 답니다. 디자인은 다양하지만 프렌치라는 공통점이 있어 전혀 산 만하지 않아요.

모찌토끼

손톱 위에 찹쌀떡처럼 뽀얀 토끼가 뛰어가는 모습을 옮겨 봤어요. 짧은 손톱에도 잘 어울리는 귀여운 네일아트! 색상을 달리하면 다른 분위기를 낼 수 있답니다.

준비해 주세요

A 페인트 질감의 화이트 - **터치피아 화이트**
B 젤리 질감의 코랄 컬러 - **에씨 플라자스윗**
C 진한 레드 - **토드라팡 디스이즈포미**
D 페인트 질감의 블랙 - **야 블랙**
E 세필 붓 - **바바라 706 숏 라이너**
F 도트스틱

204

① 약지를 제외한 다른 손톱에 화이트 컬러로 토
끼 옆모습을 귀 → 몸통 → 꼬리 순서로 그립
니다. 몸통을 폴리쉬 붓으로, 귀는 세필 붓으
로, 꼬리는 도트스틱으로 찍어 줍니다.

② 도트스틱으로 눈과 입을 찍어 줍니다.

③ 약지에는 핑크 컬러로 토끼를 그려 포인트를
줍니다.

④ 탑코트를 발라 완성합니다.

곰돌이와
토깽이

짧은 손톱에 잘 어울리는 간단하지만 귀여운 동물 네일아트예요. 동심으로 돌아간 듯 아기자기 사랑스러운 디자인에 도전해 보겠습니다.

준비해 주세요

A 페인트 질감의 딸기우유 컬러 - **페리페라 라즈베리캔디**
B 베이식 브라운 - **반디 오트밀브라운**
C 진한 초콜릿 컬러 - **반디 베얼리브라운**
D 페인트 질감의 연한 베이지그레이 - **반디 오리엔탈베이지**
E 페인트 질감의 블랙 - **야 블랙**
F 젤리 질감의 진한 코랄 컬러 - **에뛰드하우스 레이디코랄**
G 세필 붓 - **바바라 706 숏 라이너**

206

따라 해보세요

1 중지에 연핑크 컬러로 곰돌이 귀를 그리고, 손톱 끝을 브라운 컬러로 채운 다음 베이지 컬러로 반원을 그립니다.

2 블랙 도트를 찍어 눈, 코를 만들어 줍니다.

3 세필 붓으로 입을 그리고, 핑크 컬러로 눈 아래 볼터치를 그려 곰돌이 얼굴을 완성합니다.

4 약지에 핑크 컬러로 토끼 귀를 그리고, 연핑크 컬러로 손톱 끝부분까지 채웁니다.

5 도트스틱으로 눈, 코를 만들고 세필 붓으로 입, 볼터치를 그려 토끼 얼굴을 만듭니다.

※ 토끼는 곰보다 코와 입 중간을 길게 그려 줍니다.

6 나머지 손톱에 스트라이프를 그려 줍니다. 핑크 컬러로 손톱 끝을 채운 다음, 그레이 컬러로 선을 긋고, 손톱 끝을 브라운 컬러로 칠해 줍니다. 레드 컬러로 미니 하트를 그립니다.

7 탑코트를 발라 마무리합니다.

※ 블랙 도트의 경우, 컬러를 충분히 건조시킨 뒤 탑코트를 발라야 번지지 않아요.

○ **동물 캐릭터 만들기**

동물 캐릭터 만들기, 생각보다 어렵지 않습니다. 동물 그림은 귀와 코에서 차이가 난답니다. 여기에 적절한 색깔만 골라서 바르면 굿~!

블랙 &
화이트 캣츠

블랙과 화이트 두 가지 컬러만으로 완성한 깔끔하면서 귀여운 캣츠 네일아트입니다. 파스텔 컬러나 비비드한 컬러를 이용해 보세요. 짧은 손톱에도 잘 어울립니다.

따라 해보세요

1 세필 붓으로 고양이 얼굴을 그려 줍니다. 귀를 먼저 그리고, 머리 부분을 그린 다음 블랙 컬러로 채워 줍니다.

2 도트스틱으로 화이트 컬러를 찍어 눈과 코를 만듭니다.

3 세필 붓에 화이트 컬러를 묻혀 입과 수염을 그려 고양이를 완성합니다.

4 같은 방법으로 나머지 손톱도 완성합니다. 화이트와 블랙 컬러를 번갈아 그려 줍니다.

5 약지에 포인트로 말풍선을 그립니다.

6 컬러가 충분히 마른 다음 탑코트를 발라 마무리합니다.

유진샘의 깨알팁

○ **블랙 & 화이트 하모니**
같은 디자인이라도 블랙과 화이트로 한 것은 서로 전혀 다른 느낌이 든답니다. 블랙과 화이트를 번갈아가며 해주면 재미있는데, 이 디자인처럼 변형 프렌치 네일아트로 디자인하면 자연스럽게 변화감을 줄 수 있답니다.

뒹굴뒹굴 하프물범

난이도

똘망똘망한 눈빛이 사랑스러운 하프물범으로 만든 네일아트입니다. 이렇게 귀여운 네일아트를 완성하면 뿌듯함과 함께 기분전환에도 도움이 됩니다.

준비해 주세요
A 페인트 질감의 그린 - 페리페라 바닐라그린
B 페인트 질감의 화이트 - 모디 화이트
C 파스텔 스카이블루 - 글로리 구슬붕이
D 젤리 질감의 코랄 컬러 - 에씨 플라자스윗
E 자잘한 펄감의 골드 글리터 - OPI 마이 페이보릿 오나먼트
F 페인트 질감의 블랙 - 야 블랙
　세필 붓, 도트스틱

따라 해보세요

1 화이트 컬러로 조금 깊게 프렌치를 해줍니다. 약지는 딥 프렌치 합니다.

2 세필 붓을 이용해 옅은 블루 컬러로 프렌치 합니다. 따로 라인을 그리지 않기 때문에 깔끔하게 해주세요.

3 실버 펄 컬러로 프렌치 라인을 그립니다. 실버 컬러의 아트펜을 사용해도 좋아요.

4 중지에 그린 컬러로 이파리를 두 장을 그리고, 화이트 컬러로 줄기도 그려 줍니다.

5 약지에 도트스틱을 이용해 옅은 블루 컬러로 도트가 이어지도록 두 개 찍습니다.

6 블랙 컬러로 눈과 코를 그리고 핑크 컬러로 입을 그려 줍니다.

7 옅은 블루 컬러로 깔끔하게 프렌치 합니다.

8 블랙 컬러로 수염을 그립니다.

9 중지와 마찬가지로 그린 컬러로 이파리를 두 장 그려 줍니다.

10 탑코트를 발라 완성합니다.

완성작만 봐도 아이디어가 톡톡,
유진쌤에게 배워요~

스타벅스

스타벅스의 초록색과 사이렌 로고를 활용한 네일아트 디자인. 워터데칼을 활용하면 어렵지 않게 도전할 수 있습니다.

화이트 & 블루 스트라이프

화이트 프렌치에 블루 스트라이프를 그려 산뜻한 청량감을 살렸습니다. 프렌치 라인에 화이트 레이스를 올려 여성스럽게 마무리!

웨딩 로즈

은은한 실버 컬러 위에 스펀지로 핑크와 블루를 그라데이션한 뒤 반투명 화이트 컬러로 장미를 그려 넣으면 완성!

버건디 샤넬

고혹적인 버건디 컬러를 전체적으로 바른 뒤 골드 펄 컬러와 샤넬 모티브의 데칼과 파츠를 올려 한껏 멋을 부렸습니다.

화려한 샤넬

화이트와 블랙으로 깔끔하게 디자인한 샤넬 프렌치 네일. 중지에 샤넬 로고를 변형한 모양으로 스톤을 올려 화려하게 마무리했습니다.

이상한 나라의 앨리스

사랑스러운 파스텔 컬러로 동화 같은 그라데이션을 만들고, 토끼, 하트 등 다양한 워터데칼을 장난스럽게 배치해 보았어요.

오드리 햅번

블루, 그린, 오렌지 컬러로 삼각형을 하나씩 그려 넣어 독특한 프렌치를 만들어 준 뒤 오드리 햅번 워터데칼을 올렸어요.

맥도날드

맥도날드 로고 M을 그려 포인트를 주고 나머지는 워터데칼로 간단하게 디자인한 작품입니다. 컬러로 분위기를 맞춰요.

호피 크리스마스 파티

지브라 크리스마스 파티 네일아트의 응용작입니다. 크리스마스 컬러인 레드와 그린을 사용하여 호피 무늬를 만들었어요.

도시의 밤

네이비+연보라+펄 컬러의 부드러운 그라데이션을 바탕으로, 건축물 워터데칼과 별 글리터로 도시의 밤을 표현했습니다.

독특한 네 일 클로버

연한 핑크 프렌치에 레이스로 여성스러움을 표현했습니다. 엄지
와 약지에 네 가지 컬러를 이용해 독특한 클로버를 그렸어요.

글래머러스 파티

화려한 골드 펄로 베이스 작업을 한 뒤 강렬한 버건디 체크 무늬
로 변화를 주고 리본 데코 파츠로 포인트를 주었습니다.

로즈 레이스 프렌치

단아한 코랄 컬러 프렌치에 미니 장미를 그렸습니다. 화이트 컬러
로 레이스를 만들고 스톤으로 포인트를 주었습니다.

메탈릭 크라운

진한 네이비 컬러에 메탈릭 연보라 컬러로 프렌치 한 투 톤 네일.
약지는 딥프렌치 한 뒤 왕관 파츠를 올려 포인트!

몽환적인 날개

화이트 베이스에 핑크와 퍼플을 그라데이션하고 펄 컬러를 덧발
랐습니다. 약지에 날개를 그려 포인트를 주었습니다.

화이트데이 캔디

파스텔 톤의 하트 딥 프렌치에 'I LOVE YOU'를 그려 넣고, 약지에
는 투명한 캔디를 만들어 화이트데이 느낌을 살려 보았습니다.

리얼 보석바

연보라 컬러로 풀 컬러링을 한 뒤 스톤과 레이스를 이용해 사선 프렌치 스타일로 디자인한 네일아트. 보석바가 생각나는 디자인!

딥 블루 서머

진한 블루 컬러에 화려한 실버 글리터와 실버 라인 테이프로 포인트를 준 디자인입니다. 여름휴가 때 활용하면 좋을 듯해요!

앤티크 미니 로즈

다양한 컬러의 미니 장미를 간단하게 그려 넣고, 핑크 컬러와 진주 스톤, 메탈 비즈 등으로 앤티크한 느낌을 살려 보았습니다.

컬러풀 크리스마스

화려한 크리스마스 컬러로 프렌치를 하고 검지에 녹색 글리터로 포인트를 주었습니다. 워터데칼을 이용해 다채롭게 꾸며 보세요!

프렌치 크리스마스

골드와 레드, 골드와 블루의 이중 글리터 프렌치 네일. 리본 파츠를 올려 화려하게 마무리했습니다.

스톤 포인트 믹스매치

버건디와 스킨 컬러를 믹스매치해서 도회적인 멋을 연출했습니다. 스킨 컬러 위에 여러 가지 스톤을 올려 화려하게 마무리!

<유진쌩의 셀프네일> 블로그 이웃들의 유진쌩 따라 하기

골드 칼라 블라우스 – 네아이맘

밸런타인데이 – 엘시

밸런타인데이 – 이 아롱

밸런타인데이 – 하품

달콤 화이트 트리 – 투덜맘

설레는 벚꽃 – 그읍님

소녀 감성 – 클론

초간단 체크 – 일진언니

홀리데이 – 짜아

생화를 닮은 – 미쎄스리

골드 칼라 블라우소 –
ELF 작은 요정

신비로운 분위기의 장미 젤 네일 –
뿌꾸뿌꾸

섹시 번개 드레스 – 투덜맘

별이 빛나는 밤 – KOI

별이 빛나는 밤 – 도로씨

버건디 샤넬 – 햄냥이

곰돌이와 토깽이 – 햄냥이

달콤한 체크 하트 – 예슬

소녀 감성 – 햄버거

홀리데이 –신뉴

뒹굴뒹굴 하프 물범 – 키티야

아디다스 – 네아이맘

블랙&화이트 캣츠 – 햄냥이

살랑살랑~ 꽃잎
– 빼빠씨

봄 향기 – 라임여우

빼빼로데이 – Soul

사랑이 이루어지는… – 햄버거

골드 글리터가 돋보이는
하프 프렌치 네일
– 희야

살롱 드 네일

고급 네일 살롱에서 받는 케어를 집에서도 손쉽게 할 수 있는
프리미엄 네일 케어 라인

(20g / 5,500원)

◀ **살롱 드 네일 파라핀 팩**
Salon De Nail Paraffin Pack

살롱 드 네일 파라핀 팩 특징
· 네일샵에서 받는 케어를 간편하게 집에서 관리
· 사용하고 남은 파라핀 3~4회 재사용 가능
· 반짝반짝 네일 건강 유지
· 은은한 향과 뜨끈뜨끈한 열감으로 네일 스파 체험

남은 파라핀을 3~4회 재사용이 가능합니다.
은은한 향과 열감으로 네일 스파는 물론
영양듬뿍 반짝반짝 네일 건강을 유지할 수 있습니다.

(2매 / 1,800원)

◀ **살롱 드 네일 시트 팩**
Salon De Nail Sheet Pack

이런 분들이 사용하세요

· 네일샵에서 받는 고급 파라핀 케어를
  저렴하게 하고 싶은 분
· 손톱에 윤기가 없이 표면이 거친 분
· 손톱에 힘이 없고 잘 깨지는 분
· 네일 주변에 각질이 일어나거나 건조한 분
· 손톱 끝이 얇고 갈라지는 분

ARITAUM MODI Gel Nails

모디 젤 네일

전문가의 손길이 닿은 듯 누구나 쉽게 완성할 수 있는 모디 젤 네일

● **일반 폴리쉬보다 오랜 지속력!**
일반 폴리쉬와 달리 바른 후, LED 램프 밑에서 큐어링 해
2주 이상 지속됩니다.

● **건조시간 없는 편리함**
탑젤을 바른 후, 큐어링하고 젤클렌저로 닦아내면 찍힐 걱정 NO!
바로 일상 생활이 가능합니다.

● **반짝반짝 다이아몬드와 같은 광택**
도톰하고 탱글탱글한 광택이 오랜 시간 지속됩니다.

● **전문적인 젤 네일**
네일 살롱, 대싱디바와 기술 제휴하여 내용물 개발 및
품평을 함께 진행해 집에서도 전문가의 손길이
닿은 듯한 완벽한 젤 네일을 완성할 수 있습니다.

모디 컬러젤
한 번의 터치만으로도 선명한 컬러가 발색되는 모디 컬러젤

No.5 체리베리　　No.6 오렌지에나멜　　No.7 젤리베어　　No.8 프라미스데이트　　No.9 핑크모카

No.10 라일락밀크　　No.11 스프링민트　　No.12 딥블루오션　　No.13 로얄인디고　　No.14 포에버블랙

ELIZAVECCA
ONE UNIT AQUA NAIL DECAL

엘리자베카 OUW 네일패치

오늘은 어떤컨셉이 필요해?
엘리자베카가 도와줄게!

 접착제가 아닌 물로 깔끔하게 붙이는 가벼움

 얇아서 붙이기 쉽고
밀착되는 워터데칼 유닛패치

 컨셉에 따라서 다양하게 연출할 수 있는 디자인

www.elizavecca.com

" 이제 집에서
젤 네일 하세요! "

커버네일과 함께라면 이젠 복잡한 젤 네일도 어디서든 OK
손톱, 피부 손상 없는 커버네일의 젤 네일 라인을 만나보세요

손톱 손상 없는
명품 젤 네일!
**커버네일
젤 폴리쉬**

60초 빠른 큐어링!
**커버네일
젤 램프**

㈜위더스아이엔씨코리아
070-4618-5910 http://cnail.co.kr

쿨네일

COOL NAIL

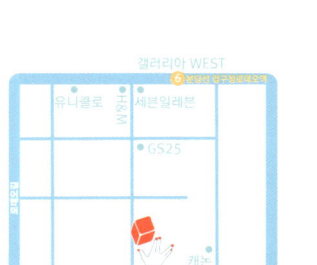

주소 서울시 강남구 압구정로 54길 21 (3층)
문의 및 예약 02-549-0338
영업시간 월~토 11:00am~9:00pm

www.coolnail.co.kr

| 탐 나 는 스 타 일 DVD북 시 리 즈 |

간단 안주의 황홀한 유혹
❶ 강지수의 탐나는 술안주
강지수 지음 | 280쪽 | 23,800원 | DVD 포함

술맛 아는 여자, 그래서 더욱 안주에 예민한 미각을 가진 저자가 소문난 술집보다 더 맛있는 안주 레시피를 공개한다. 독특한 메뉴들이지만 만들기가 쉬워 어떤 술안주를 선택하든 커다란 만족을 얻을 것이다.

뷰티블로거 유진샹의 셀프네일
❷ 유진샹의 탐나는 네일아트
최유진 지음 | 228쪽 | 23,800원 | DVD 포함

5분 터치로 손이 예뻐지는 러블리 네일아트 67가지. 매일 1만 5천 명 이상이 방문하는 네이버 블로그 '유진샹의 셀프네일'의 최유진이 블로거 1천만 명이 추천한 베스트 네일아트를 선별해 소개한다.

'세계 라떼아트 챔피언십' 우승자!
❸ 하루나의 탐나는 라떼아트
무라야마 하루나 감수 | 116쪽 | 18,500원 | DVD 포함

가정용 에스프레소 머신이 일반화된 요즘, 간단한 도구만 있다면 누구나 라떼아트를 할 수 있다. 라떼아트 초보자들을 위해 재료와 도구부터 손질 노하우는 물론 전문가의 테크닉까지 알차게 담아 구성했다.

파티의 여왕
❹ 변정수의 탐나는 하우스 파티
변정수 지음 | 240쪽 | 23,800원 | DVD 포함

할로윈, 크리스마스, 아이들 생일 등 매년 5회 이상의 크고 작은 하우스파티를 여는 여자 변정수. 그간 실전에서 쌓은 파티 노하우를 한 권에 담았다. 최소 비용으로 최대 효과를 내는 파티 메이킹에 주목해 보자.

맛있는 딸기쇼트케이크와 롤케이크&버터스펀지, 시폰케이크&비스퀴
❺ ❻ 고지마 루미의 탐나는 케이크 1 & 2
고지마 루미 지음 | 140쪽, 124쪽 | 20,500원 | DVD포함

일본의 케이크 명장인 고지마 루미의 케이크 책. 1권은 딸기쇼트케이크, 2권은 시폰케이크 만들기로 구성. 반죽에 목숨 거는 고지마 루미의 맛있는 반죽 만들기 테크닉을 배울 수 있다.

홈메이드 믹싱 칵테일 76가지
❼ 탐나는 칵테일
박주화·김기용 지음 | 192쪽 | 22,000원 | DVD포함

믹솔리지스트와 바리스타로 활약하며 다이닝바를 운영해 온 두 명의 저자가 요리보다 쉬운 칵테일을 선별해 소개한다. 특별한 도구 없이도 누구나 쉽게 만들 수 있는 76가지 홈메이드 칵테일 레시피를 담았다.

요리하는 한의사의 오장 해독 주스와 약차 56가지
❽ 신동진의 탐나는 해독 주스
신동진 지음 | 212쪽 | 23,800원 | DVD포함

오장이 쌩쌩하게 가동하면 체중 감량, 변비 해소, 혈액순환 개선, 피부 재생 등의 효과가 있다. 책에 있는 레시피대로 각 장기 해독에 맞는 주스를 마시고 2주 내에 달라지는 컨디션을 느껴보자.

집밥 고민이 없어지는 밑반찬, 국·찌개, 계절 메뉴 92가지
❾ 김민지의 탐나는 집반찬
김민지 지음 | 244쪽 | 25,000원 | DVD포함

한식 셰프의 사계절 반찬 요리. 임금님 수랏상에 오른 궁중 반찬, 두고두고 먹는 저장 반찬, 반찬을 담은 한 그릇 밥까지 요리 초보도 쉽게 따라할 수 있는 레시피를 담았다.

 신간

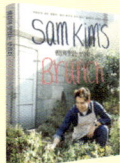

샘킴 셰프가 추천하는 빠르고 쉬운 홈메이드 브런치 레시피 53가지
샘킴의 맛있는 브런치
샘킴 지음 | 230쪽 | 19,800원

〈냉장고를 부탁해〉, 〈국가대표〉, 〈샘킴의 함께 쿠킹〉 등에 출연하여 요리 실력과 함께 순수한 매력을 발산하고 있는 샘킴 셰프가 《샘킴의 맛있는 브런치》에 먹으면 건강해지는 자연주의 레시피를 풍성하게 담았다.

유진샹의 탐나는 네일아트 : 뷰티블로거 유진샹의 셀프네일

5분 터치로 손이 예뻐지는 러블리 네일 67가지

초판 1쇄 발행 2014년 6월 18일
초판 4쇄 발행 2016년 7월 25일

지은이 최유진(유진샹)
펴낸이 이범상
펴낸곳 ㈜비전비엔피 · 이덴슬리벨

기획편집 이경원 박월 김승희 강찬양 배윤주
진행 윤자영 김난희 정수미
디자인 김혜림 이미숙 김희연
사진 도트스튜디오 방문수
영상촬영 · 편집 올리빈픽처스 남궁일
헤어 · 메이크업 제니하우스 도산점 미경(메이크업) 상수(헤어) | 작은차이 수미
모델 이총희 오다연
마케팅 한상철 이재필 반지현
전자책 김성화 김희정
관리 박석형 이다정

주소 우)04034 서울특별시 마포구 잔다리로7길 12(서교동)
전화 02)338-2411 **팩스** 02)338-2413
홈페이지 www.visionbp.co.kr
이메일 visioncorea@naver.com
원고투고 editor@visionbp.co.kr

등록번호 제2009-000096호

ISBN 978-89-91310-55-1 (13590)

· 값은 뒤표지에 있습니다.
· 파본이나 잘못된 책은 구입처에서 교환해 드립니다.

이 도서의 국립중앙도서관 출판시도서목록(CIP)은 서지정보유통지원시스템 홈페이지(http://seoji.nl.go.kr)와 국가자료공동목록시스템(http://www.nl.go.kr/kolisnet)에서 이용하실 수 있습니다.(CIP제어번호: 2014014361)

Nail art